罗晓勇 等◎著

现代气象服务的
经济学分析

Xiandai Qixiang Fuwu de Jingjixue Fenxi

气象出版社
China Meteorological Press

图书在版编目(CIP)数据

现代气象服务的经济学分析/罗晓勇等著. —北京：
气象出版社,2015.1
ISBN 978-7-5029-5795-7

Ⅰ.①现…　Ⅱ.①罗…　Ⅲ.①气象服务-经济分析
Ⅳ.①P451

中国版本图书馆 CIP 数据核字(2014)第 311164 号

出版发行：气象出版社

地　　址：北京市海淀区中关村南大街 46 号	**邮政编码**：100081
总 编 室：010-68407112	**发 行 部**：010-68409198
网　　址：http://www.qxcbs.com	**E-mail**：qxcbs@cma.gov.cn
责任编辑：殷　燊	**终　　审**：黄润恒
封面设计：符　赋	**责任技编**：吴庭芳
印　　刷：北京中新伟业印刷有限公司	
开　　本：889mm×1194mm　1/32	**印　　张**：7.75
字　　数：161 千字	
版　　次：2015 年 1 月第 1 版	**印　　次**：2015 年 1 月第 1 次印刷
定　　价：25.00 元	

序

　　气象服务是一个古老的行业。它在农业文明时代出现后即受到社会的重视。如在我国夏、商时期,气象(天文现象与气象现象的总称)便已成为当时官方的常制;到周代,则更建立了专司天象观察的国家职能部门;在工业文明乃至在现代文明的今天,作为高智力、高科技、高投入的气象服务,则位列科技产业之中。我国气象事业的发展历年来受到党和国家的高度重视,每年国家财政安排气象部门的各种财政预算资金,都超过了国家年度财政收入的平均增长水平,极大地支持了气象事业的发展,也促进了气象服务质量的提高,在很大程度上保障了人民群众的生命安全,减少了因气象灾害带来的经济损失和财产损失,也为社会带来了直接和间接的经济效益。

　　气象服务的发展充分说明,人类社会离不开气象服务。这是因为人类与大气环境生息与共,人类需要掌握大气环境的信息及其变化规律,需要营造人类与大气环境的和谐关系。这在当代更是如此:气候变暖和极端天气的频发,已为全球民众所普遍关心,为各国政府所高度关切!不言而喻,要利用气象环境,要解决业已存在的大气环境问题,自然需要气象服务,自然需要科学地、多学科地认识气象服务的方方面面。今天在经济学的视区内来认识气象服务,正是其中的视角之一。

事实正是这样。进入20世纪后半期后,解析气象服务的经济性质、评价气象服务的经济效益,便日益引起世界各国学者们的重视而成为研究热点。以我国为例,1994—1996年,黄宗捷、蔡久忠相继出版了《气象经济学》《气象服务效益概论》。到了21世纪,研究的论文论著则更为"火热",如2001年马鹤年先生的《气象服务学》问世;2009年许小峰等的《气象服务效益理论与分析研究》与读者见面;今天摆在读者面前的这本《现代气象服务的经济学分析》也属于其中一类。

《现代气象服务的经济学分析》的作者认为:(1)大气环境是人类生存和发展的自然环境之一。在经济学的视区内,气象是一大自然资源和生产资源,气象既是自然生产力,又是自然破坏力,还是人类必需的消费。(2)气象的经济学性质,决定着气象服务的存在,决定着气象服务的经济学性质,即决定着气象服务的效用、公共性和信息性,进而也就决定着政府在气象服务投资中的主体地位。(3)气象服务的经济性质决定着气象服务的生产和配置的模式选择。

书中所表达的观点言之成理,持之有据,可作为一家之言,有一定的学术价值。一定的认识总是来自实践,又服务于实践,因此,本书的观点对实践有一定的启迪意义,有一定的价值。

作　者

目　录

序

第一章　简论人类与大气环境的关系 ……………（ 1 ）

　一、大气环境与人类的出现 ………………（ 1 ）

　二、人类和大气环境的相互依赖 …………（ 2 ）

　三、人类与大气环境的相互渗透 …………（ 5 ）

　四、人类与大气环境的相互转化 …………（ 6 ）

　五、人类与大气环境的冲突 ………………（ 7 ）

　六、营造人类与大气环境的和谐关系 ……（ 10 ）

第二章　气象的经济学属性 ………………………（ 14 ）

　一、气象的资源性质 ………………………（ 14 ）

　二、气象的生产力性质 ……………………（ 17 ）

　三、气象的破坏力性质 ……………………（ 25 ）

　四、气象的消费属性 ………………………（ 31 ）

第三章　气象服务的效用 …………………………（ 35 ）

　一、效用和使用价值 ………………………（ 35 ）

　二、防灾减灾服务 …………………………（ 38 ）

　三、创造财富 ………………………………（ 44 ）

　四、提高社会福利水平 ……………………（ 47 ）

第四章 气象服务的公共性 ………………………（54）

一、经济学中的公共产品 ………………………（54）

二、气象服务中的公共产品 ………………………（56）

三、气象服务中的准公共产品 ………………………（62）

第五章 气象服务的信息性 ………………………（66）

一、气象信息 ………………………（66）

二、气象信息价值的判断 ………………………（69）

三、气象信息的使用 ………………………（74）

第六章 我国直观经验的气象服务阶段的特点 ……（80）

一、我国直观经验的气象服务阶段 ………………（80）

二、时间跨度长 ………………………（81）

三、社会高度重视 ………………………（82）

四、观测仪器简单且变化不大 ………………………（84）

五、朴素辩证的气象观 ………………………（87）

第七章 气象服务的投资主体 ………………………（92）

一、研究的理论出发点 ………………………（92）

二、政府 ………………………（94）

三、气象服务部门 ………………………（100）

四、关于投资主体发展趋势的讨论 ………………（108）

第八章 气象服务产品生产的投资量 ………………（116）

一、公共产品最优供给的规范分析 ………………（116）

二、投资函数 ………………………（125）

三、简单再生产和扩大再生产的投资量 ………（127）

第九章 气象服务的投资控制 ………………………（133）

一、预算控制 ………………………（133）

二、气象服务项目经济评估 ………………………（142）

三、气象服务项目财务评估 …………………（144）

四、气象服务项目国民经济评估 …………………（148）

第十章　气象服务经济效益的基本理论 …………（153）

一、气象服务经济效益的基本概念 …………（153）

二、气象服务经济效益的特征 …………………（157）

三、气象服务经济效益的意义 …………………（162）

第十一章　气象服务的投入量分析 ………………（166）

一、认识气象服务的投入量 …………………（166）

二、气象服务总投入量 …………………………（167）

三、气象服务总投入货币价值的估算 ………（170）

第十二章　气象服务的产出量 ……………………（177）

一、公共产品的经济价值理论 …………………（177）

二、气象服务产品的价值模型 …………………（181）

三、气象服务产品的影子价格 …………………（184）

四、气象服务的总产出量 ………………………（188）

第十三章　气象服务经济效益评估实证 …………（192）

一、气象服务经济效益评估模型 ……………（192）

二、羊坪气象站的气象服务经济效益评估实证………

…………………………………………………（193）

三、我国气象服务经济效益的估测 …………（202）

第十四章　气象服务收费辨析 ……………………（204）

一、气象服务收费引出的问题 ………………（204）

二、收费气象服务产品的经济学性质 ………（206）

三、气象服务收费发展的"瓶颈" ……………（212）

第十五章　气象服务的生产和配置 ………………（219）

一、气象服务商业化与市场化的浪潮 ………（219）

二、商业化与市场化浪潮的经济学解读 ………（220）

三、气象服务的市场失灵 …………………（222）

四、气象服务的供应模式 …………………（223）

参考文献 ……………………………………（230）

后记 …………………………………………（233）

第一章　简论人类与大气环境的关系

一、大气环境与人类的出现

科学证明,地球的大气圈、水圈、冰雪圈、岩石圈和生物圈构成着人类生存和发展的外部环境;天气、气候或者说大气环境同人类的关系,也就是人类生存与发展同其外部自然环境的关系的体现。毋庸置疑,大气环境及其变化是引起生命出现乃至人类出现的直接原因。

在距今 37 亿年前,地球生命开始在海洋中出现。从生命的出现到进化为人类是一个漫长的过程,其间有许多中介环节或中间阶段。其中最重要的阶段、最直接的中介是距今 3500 万年属于灵长目的古猿。古猿出现后,生命的演化过程翻开了由猿到人的新的一页。

人类学家普遍地认为,由猿到人的进化,起始于地质学家所称的新生代第四纪,距今约 2500 万年。具体地说,其间经历了四个重要阶段:(1)直立行走完成了由猿到人的第一步。从树上到地下的古猿,因生存环境的改变,逐步进化为四肢分离、直立行走的猿人。(2)火的运用改变了猿人的生活。火的运用扩大了猿人的食物来源,促进了猿人体质的进化和发展,同时,扩大了猿人生存的气候空间,使猿人活动区域由非洲扩大到亚洲和欧洲。(3)由猿到人进化过程中的又一重要标志,是猿的脑容量接近或等于现代人,这一进程发生在 30 万~5 万年前。(4)5 万年前,现代人类出现,让猿到人的进化过程画上了句号。

地质史、人类进化史和地球气候变迁史表明,从猿到人的第一步和火的运用与地球大气环境的变化直接相关。因为,古猿的分化始于新生代第四纪的大冰期。其间地球气候逐步变冷,逐步变冷的气候使得森林林区不断减少,这直接威胁着古猿的生存。古猿被迫从树上到地面,转移到林间空地和荒漠的草原上生活。在适者生存的规律作用下,古猿渐渐由攀缘行走进化到直立行走。应该承认,由猿到直立人的过程是漫长的,这在 175 万~30 万年前的亚洲、非洲和欧洲先后出现。

与由猿到人完成的第一步相同,火的运用也与气候的变冷有关。如北京人在周口店居住的时期(70 万~20 万年前)多次发生着气候的变迁。其寒冷时平均气温比现今低12 ℃,由此,火的运用自然不胫而走。这就清晰地表明,人类的出现与大气环境密切相关。

二、人类和大气环境的相互依赖

人类与大气环境的相互依赖,既表现在人类健康与人类文明对大气环境的依赖上,又表现在人类健康与人类文明对大气环境的制约上。

（一）人类健康和人类文明对大气环境的依赖

人类对大气环境的依赖，首先表现为环境是人类生存和发展的基础性条件。这是因为，人类的健康依赖于大气环境的适宜的气温、气压、空气水分，气流和空气离子。

人的生理健康乃至心理健康依赖于适宜的气温。在高温的气象环境中，人体要通过散失热量和减少食欲来维持体温的平衡，同时还会出现心情的烦躁；在低温的气象环境中，人体需要加强组织代谢，增强食欲以维持热量的平衡，同时还会在一定程度上引起心理紧张。

人类的健康还要依赖于适宜的气压和空气水分。人体对气压有一定的忍受范围，若短时间内气压变化加大，人体的生理机能亦会随之发生变化。适宜的空气水分，同样也是人的生理健康所必需的。还有，人体丧失热量的多少还取决于空气中水分的饱和程度：若遇低温潮湿的天气，人体将会感到阴冷且易受冻。反之，高温潮湿的天气将阻碍人体散热，让人感到闷胀。

人类的健康生理除依赖于适宜的气温、气压、水分等气象要素外，又还要依赖于适宜的气流、空气中的离子和电磁辐射等气象要素。温和的大气流使人精神焕发，持续的强气流则令人精神紧张、呼吸困难；适量的空气离子、适量的红外线，还有可见光，均有益于人体，反之则有碍于人类的健康。

更为重要的是，人类的实践反复地证明着人类文明的变化对于大气环境的依赖。具体地说，农业和畜牧业的分离，是人类历史上的第一次大分工。这一分工的典型标志是：在地球的 20°～30°的中纬度地区，出现了史学家所称的四大农业文明古国，它们分别是：(1)地处尼罗河流域的古埃及文明；(2)幼发拉底河和底格里斯河流域的两河文明，亦称古巴比伦文明；(3)黄河流域的古华夏文明，即古中国文明；(4)印度河流域的古印度文明。学者们普遍认为，四大农业文明之所以基本上分布于地球的 20°～30°所包含的范围内，乃是源于其具有原始农业生产适宜而得天独厚的自然条件，即适宜的温度、充足的阳光、丰沛的水源以及肥沃的土地。而所有这些，无一不与大气环境的质量有着直接的关系，这客观地表明人类文明依赖于大气环境。

（二）人类的活动对大气环境的制约

与人类依赖大气环境相应，人类的活动也制约着大气环境的变化。

在经历了漫长的农业文明后，17 世纪末期，人类进入了以蒸汽机出现为标志的大工业文明的历史阶段。这一阶段的显著特征是，自然力和自然资源广泛而又大规模地被运用。在至今两个多世纪的历史长河中，人类的大工业生产方式导致了今天的两个严重的后果：一是生态环境的恶化，二是大气环境的恶化。资料显示，现阶段每天有150～200 种生物灭绝，生物链面临着断裂的危险；世界每天排放有毒气体约 160 亿吨、废水约 400 亿吨，此外，还产生大量的废渣、有毒的物质以及被泄漏的原油。所有这些，已经造成了大气的严重污染、臭氧层的稀薄与空洞扩大，还有大气温度的逐年升高、极端天气的频发等。

三、人类与大气环境的相互渗透

人类与大气环境除了相互依赖的关系外,还存在着相互渗透的关系。这集中表现在,人类活动中有大气环境因素的存在;在大气环境的变化中,又有人类因素的存在。

人类活动中存在着大气环境因素,突出地表现在人类的肤色、早期的迁徙以及人类的日常生活之中。

地球上人类的肤色主要有黑、白、黄三种。人类学者认为,人类的不同肤色源于人体皮肤内黑色素的成分量。它与人类所在地区的日照、降雨、湿润等气象要素直接相关。

人类学家和考古学家的研究证明,人类中的一支人群向美洲和澳洲的迁徙,形成了今天的印第安人和澳洲土著人。人类的早期迁徙的外在原因乃源于气候状态的变化。

大气环境因素对人类的渗透更突出地表现在人类的日常生活中。具体地说,人们的衣着随春、夏、秋、冬的变化而变化;人们的饮食习惯随居住地气候状态的不同而不同。天气闷热时人们要打开窗户,天气寒冷时要关闭窗户;人们对雨伞、风衣、手套、围脖、遮阳帽、防晒霜的使用,无一不反映出天气和气候的变化。事实证明,人类生活在大气环境里,大气环境及其变化就必然在人类日常生活中打上深深的烙印。

大气环境与人类的"渗透"关系是相互的。因为大气环境中也有人类活动的因素。在人类进入到 20 世纪 50 年代后,人工影响天气的活动日益频繁地在世界各国展开。目前正在各国试验的人工影响天气项目有人工降水、人工消雾、人工防雹、人工削弱台风、人工消云、人工防霜冻、人工抑制雷电等。在中国,2002 年国务院颁布了《人工影响天气管理条例》,人工影响天气作业已纳入行政管理体系之中。这一切皆表明,与人类相伴的大气环境,深深地烙上了人类的印记。

生活证明,只有认清人类与大气环境的相互渗透,并把握好其相互渗透的度,人们才能把握好人类活动的度,才能更好地利用和适应大气环境的变化。

四、人类与大气环境的相互转化

人类与大气环境的相互转化表现在两方面:一是人类的大气环境化,即人类对大气环境的适应和利用,以及适应和利用的能力、水平、程度的不断提高;二是大气环境的人类化,即在人的作用下,大气环境成为"人化"的大气环境。

在人类实践的意义上,一部人类的发展史,就是人类社会主动或被动适应自然环境(包括大气环境)的历史。在现实生活里,人种及人种的生理特征,人类的衣食住行以及所用产品的效用等,皆是人类被动适应大气环境的表现和结果。更为重要的是,人类的分布和迁徙,人类的文明及其演变,一切暴露在大气环境中人类社会的经济、政治、文化、军事活动,均需要人类主动地、自觉地去认识制约其活动的大气环境,均需要在活动中克服大气环境的不利因素,利用大气环境的有利因素,去实践人的大气环境化。

今天,人类需要主动地适应和利用大气环境,这已是全球的共识。从 20 世纪 60 年代以来,为了主动适应和维护大气环境,关于大气环境的国际法以及国内法已纷纷出台。只有在维护大气环境的条件下,我们才能有效地利用大气环境;实现人的自然环境化,人类才可能持续发展。

大气环境的"人化",即人类在积极主动地适应大气环境的同时,大气环境也打上了人类的烙印,成为"人化"的大气环境。人类正通过改变一定地区的地形、植被、建筑布局,控制生物的活动以及人类自身的活动,创造出适宜人群生活和工作的各种小气候。

随着人类对大气运动规律的认识水平的不断提高,以及人类科学技术的不断进步,大气环境"人化"的规模和领域亦在不断扩展,其效果也在不断扩大。不难预料,在不远的将来,当风能和太阳能成为人类的重要能源时,大气环境的质量将会有极大的提高。

需要指出的是,大气环境的"人化"是一个不以人的意志为转移的过程,人类对大气环境的作用,既可能造成良性的"人化"大气环境,又可能造成恶性的人化大气环境。只有人的活动符合大气环境的变化规律及其内在要求,这种"人化"才是良性的、积极的、有益于人类的。否则,人类活动所造成的"人化"的大气环境,则将会是恶性的,对人类自身则是灾害性的。

五、人类与大气环境的冲突

人类与大气环境具有同一性,"同生共长"是人类生存和发展的必要条件。当大气环境因天气系统、气候系统的组成因素发生变化时,或因人类的活动而使天气气候系统的组成因素发生变化时,人与大气环境的原有平衡便会被打破,人类生存的大气环境条件便会发生变化,大气环境与人类的冲突便会产生。

自20世纪后半期以来,人类生活的大气环境的恶化已成为不争的事实,它集中表现在全球气候变暖和极端天气频发等气候变化层面上。这种变化将给人类带来的影响反映在1988年组建的联合国政府间气候变化专门委员会(IPCC)及其评估报告中。它的第三次评估报告指明气候变暖将从诸多侧面影响着人类的生存和发展:(1)冰河的后退,永久冻土的融化,河流、湖泊的结冰等的实地观测结果表明,区域的气候变化已经对世界许多地区的物理、生物系统产生影响,一部分比较脆弱的物种灭绝,生物多样性的损失风险增大。(2)对气候变化敏感的行业,诸如农业、林业、渔业、交通,能源产业及保险业等等,由于干旱、洪水、热浪、雪崩和台风等极端天气发生的频率提高,强度增大,损失和风险的可能性从而增大;(3)降雨强度增大和海平面水位上升对人类居住、健康等诸多方面将形成威胁,由于地表水和地下水的变化,世界的缺水人口,据预测到2050年,将由20世纪初的17亿增加到50亿;全球感染疟疾、登革热的地区将可能增加;老人、病人和穷人的死亡率及发病率将增加;对地处热带、副热带国家居民的健康将带来不良影响。

IPCC在其第四次评估报告中,确认了全球气候变暖的事实。报告指出,最近100年(1906—2005年)全球平均地表温度上升了0.74 ℃,从1850年起到2006年,全球最暖的11个年份,出现在1995年和1997—2006年的连续10年内,而且全球海洋温度的增加已经延伸到距海平面3000 m

的深度。自此,大气环境的恶化,以及由此所产生的与人类的冲突已成为全球的共识。

全球气候变暖以及极端天气的频发,不是一种突发的事件,而是大气环境按其内在规律运动的结果。它主要是来自太阳辐射的非周期性变化;同时,也来自最近 200 多年来大工业所累积的负产出对大气环境的一种效应和结果。

首先,大工业造成了气候系统的内在平衡受到破坏。完整的气候系统是由大气圈、水圈、冰雪圈、岩石圈和生物圈五种圈层及其成分相互作用而形成的。以应用自然力和自然资源为本质性特征的大工业文明,在两个多世纪的历史长河中,对自然资源不断增长的利用和耗费,导致了水圈、冰雪圈、岩石圈和生物圈发生变化。以生物圈为例,联合国环境规划署 1996 年 4 月 20 日的报告表明:目前每天有150~200 种生物灭绝,生物链面临断裂。生物圈的被破坏是如此,水圈、冰雪圈和岩石圈的被破坏亦是如此!这样,气候系统的内在平衡因它们受到破坏而被打破,在大气环境运动规律的作用下,气候变化也就成为内在的必然。

更为重要的是,大工业的负产出更为直接地造成了大气环境的恶化。据统计,世界每天向大气排放的有毒气体约 160 亿吨,产生的废水约 1200 亿吨,此外,还产生了大量的废渣,有毒的物质和被泄漏的原油,污染着包括大气环境在内的自然环境。

对大气环境的被破坏而言,更加触目惊心的是矿石能源的燃烧。矿石能源的燃烧是工业文明替代农业文明的重要特征之一。随着人类发展工业的需要和开采技术的进步,这一替代与日俱增,日益扩大。以石油和煤为例,按现在所探明的矿石能源的储量和目前的消耗量计算,石油只能满足人类 35~45 年之需,煤只能满足 280~340 年之需;更为严峻的是,如此巨大的煤、石油等矿石的能源燃烧,使 CO_2,CH_4,HFCs 等温室气体大量向空间飘逸。据统计,自 1750 年以来,全球大气 CO_2,CH_4 和 N_2O 浓度显著增加,目前已经远远超出根据冰芯记录得到的工业化前几千年来的浓度值,其中 CO_2 浓度从工业化前约 280 mL · m^{-3}增加到 2005 年的 379 mL · m^{-3},CH_4 浓度从工业化前约715 mL · m^{-3}增加到 2005 年的 1774 mL · m^{-3},N_2O 浓度从工业化前约 270 mL · m^{-3}增加到 2005 年的319 mL · m^{-3}。所有这些,导致大气系统中的臭氧层出现空洞。

六、营造人类与大气环境的和谐关系

以气候变暖和极端天气频发为特征的人类与大气环境的冲突,已令各国政府及全球民众感到深深的忧虑,并受到高度的关切。人类已经意识到,卓有成效地营造人类与大气环境的和谐关系刻不容缓!唯其如此,人类才能减轻和适应已经发生的气候变化,长期以来,人类在处理包括大气环境在内的自然环境的关系上,已经走入了一条不能与大气环境和谐相处、同生共长的道路。这突出地表现在:(1)没有形成保护自然、尊重自然规律的意识,肆意排放废气、废渣、废水。(2)对自然界包括对大气环境只讲索取,不讲投入;只讲利用,不讲建设。例如,在营造室内"小气候"使用空调时,人们看不到其所释放的温室气体,是对大气臭氧层的破坏。(3)人类为了自身的利益,过度开采、过度放牧、过度砍伐，走入了发展经济以牺牲自然环境为代价的误区。这些行为，破坏了气候系统的内在平衡，使宜人的大气环境变成了不宜人的大气环境。不言自明，人类的错误只能由人类自身来改正。人类必须主动来恢复气候系统的平衡，来营造人类与大气环境的和谐关系。

为了恢复人类与大气环境的和谐关系，我们迫切需要弄清和谐关系的内涵和外延。有幸的是，《在亚太经合组织第十五次领导人非正式会议上的讲话》中，胡锦涛总书记从理念、发展道路、科技创新、宣传教育、国际合作等五个方面，做出了科学的概括。他说："为了有效应对气候变化，中国将坚持科学发展观，贯彻节约资源和保护环境的基本国策，把人与自然和谐发展作为重要理念，促进经济发展与人口资源环境相协调，走生产发展、生活富裕、生态良好的文明发展道路；将把可持续发展作为经济社会发展的重要目标，把减缓和适应气候变化的政策措施纳入国民经济和社会发展规划中统筹考虑、协调推进；将充分发挥科技创新在减缓和适应气候变化中的先导性、基础性作用，增强自主创新能力，大力发展新能源、可再生能源技术、节能新技术，促进碳吸收技术和各种适应性技术；将开展全民气候变化宣传教育，提高公众节能减排意识，让每个公民自觉为减缓和适应气候变化作出努力；将继续推动并参与国际合作，积极参与《联合国气候变化框架公约》谈判和政府间气候变化专门委员的相关活动，推进清洁发展机制、技术转让等方面的国际合作，参与并支持'亚太清洁发展和气候伙伴计划'等其他合作机制发挥有益的补充作用。"

我国不仅提出了人与自然和谐发展的理念，而且采取了切实的行动。我国是第一个制定《应对气候变化国家方案》的发展中国家。我国已经明确提出,从 2005 年到 2010年,单位国内生产总值能耗降低 20％左右,主要污染物排放减少 10％,森林覆盖率从 18％提高到 20％,可再生能源在一次能源消费中的比例由 7.5％提高到 10％,2020 年比2005 年单位国内生产总值二氧化碳排放强度下降40％～45％等目标。

为加强应对气候变化工作,我国成立了国家应对气候变化工作领导小组,在调整经济和产业结构、淘汰落后产能、发展循环经济、节约能源、提高能效、发展可再生能源等方面采取了一系列政策措施。通过不懈的努力,我国节能减排取得积极成果,2006—2008 年单位国内生产总值能耗下降 10.1％。最近 30 年,我国人工造林面积超过 5400 万公顷,堪称世界上人工造林最多的国家。

国际合作应对全球气候的共同努力应当是在一定原则上的努力。只有这样,努力才能卓有成效。这正如我国温家宝总理所说,在解决全球气候变化问题上的国际合作,"要依据《联合国气候变化框架公约》和《京都议定书》的原则与规定,开展广泛对话和务实合作。充分考虑各国基本国情、发展阶段、历史责任、人均排放等多种因素,坚持可持续发展的框架,坚持共同但有区别责任的原则。发达国家应正视自己的历史责任和高人均排放现实,大幅度降低温室气体排放,并为发展中国家应对气候变化提供资金、技术和能力建设支持。发展中国家也应尽最大努力,为应对气候变化做出积极贡献。"

应对气候变化不是一国的事,也不是几个、几十个国家的事,而是所有国家的事,是整个人类的事。只有全球各国按照营造和谐关系的内在要求,齐心协力地按照一定的原则,采取科学而又切实的行动,人类才将会营造出人类与大气环境的和谐关系,气候变暖和极端天气的频发才有望得到有效的遏制,人类与大气环境的激烈冲突才有望得到有效的缓解,才有望恢复两者间关系的平衡,才有望构建出两者间的和谐关系。

第二章　气象的经济学属性

一、气象的资源性质

气象的资源性质表现为,气象既是一种自然资源中的基础资源,同时又是一种生产资源。

(一)基础性的自然资源

1972 年,联合国环境规划署曾对"自然资源"给出定义性的概括,指出:自然资源是指在一定时间条件下,能够产生经济价值,以提高人类当前和未来福利的自然环境因素的总称。

资源有狭义与广义之分。狭义的资源是指生产资源。生产资源是一个国家(或地区)用于生产产品和提供服务的一切条件,包括劳动力、土地、能源、地下矿藏、原材料、资本、技术、信息等;广义的资源是指一个国家赖以生存和发展的一切资源的总和。它包括自然资源、人口资源、国防资源等等。其中,自然资源处在资源金字塔的底层,成为制约着其他资源丰腴程度的基本要素,构成广义资源的基础。

气象资源同土地资源、矿产资源、生物资源、海洋资源一起,共同构成自然界中自然资源的内容。所不同的是,气象资源(天气资源和气候资源)是自然资源的基本内容或基本要素之一。这是因为,大气圈,特别是地球表面的低层大气以及和它相关的水圈、岩石圈、生物圈,共同构成着人类赖以生存的重要环境;而气象资源又直接制约着水资源、生物资源的丰腴程度,还由此间接地制约着土地资源和海洋资源。

以我国为例,我国水资源地区分布不均,南多北少,数量悬殊,资源量的年际和季节变化很大;又如我国的森林资源,全国具有树种和森林的类型繁多、林区分布不均衡等特点;再如我国的草原资源,东北以草甸草原为主,内蒙古以干旱草原为主、川西高原和青藏高原却又以高寒草原为主,等等。显然,这些均同我国气象资源的分布有着直接的关联。

自然资源的上述内在的关系表明,气象资源既是自然资源中的一种资源,又是形成其他自然资源(矿产资源除外)的自然要素之一。正是在这个意义上,我们把气象资源视为自然资源中的基础资源,或称基础性的自然资源。

(二)生产资源

人类社会的实践证明,大气的各种现象及其变化过程,各种天气和气候,既能"生成"高品质的自然环境,如充沛的雨量,宜人的气候;又可造成恶劣的气象灾害,如风雹、旱涝,直接影响着社会生产过程。这样,社会经济的发展,会同大气环境发生关系。概括地说,社会生产、流通、分配和消费诸方面同大气环境,皆会有直接或间接的联系。不言而喻,大气同生产的这种关系或联系,直接决定着气象的生产资源属性。

同时,自然界中的气象资源,还是社会经济发展不可或缺的条件。恩格斯在《自然辩证法》中指出:"政治经济学家说,劳动是一切财富的源泉,其实是劳动和自然界一起才是一切财富的源泉。"显然,财富的生产也离不开气象。同水资源、土地资源、矿产资源、森林资源等一样,气象资源可以被人们运用于直接生产过程之中。

但是,一般说来,在生产过程中气象资源又不同于水资源以及其他自然资源。因为,除开气象服务部门外,它不是直接作为劳动对象,或者作为劳动手段而发生作用,而是作为生产过程中不可离开的环境条件,即在对劳动对象的物质形态变化或位移的生产过程中发生着作用。如在酿造业中,气象条件是让劳动对象发生化学变化的条件;又如在运输业中,气象条件却又只是一种直接的外部条件。

生活证明,不管人们的生产是否暴露在大气环境之中,生产终将是离不开大气环境的。因此,人们需要去认识大气中的各种现象,需要了解生产环境中的天气与气候,并对不利的天气和气候积极地进行着预防与人工调节。

(三)气象资源的再生性和非再生性

以资源的开发利用与资源丰度的变化之间的关系为标准,人们把资源划分为再生资源和非再生资源两类。

应该承认,气象资源介于再生与非再生的两者之间,具有再生性和非再生性相统一的特征。这是因为,大气环境变化的瞬时性和不可逆性,决定着气象资源的非再生性。

然而,它又不同于矿藏之类的非再生性资源,这类资源的丰腴程度与其利用成反比,气象资源却是愈开发利用,其资源的积极作用、资源的丰度则愈能表现出来。事实证明,气象资源的这一特性,决定着它被人们开发利用的广阔度。

气象资源的再生性,是由大气运动的规律性、大气环境以及人类生产和人类生存的相互依存性所决定的。

这是因为,气象要素的状态是大气物理过程、化学过程所作用的结果,而各种气象要素的变化则构成了气象资源。气象资源是客观的。它的丰度同人们对它的开发利用程度没有量的增减关系。例如,当上升气流、水汽供应、云的微物理特征这三方面满足了降水的条件时,自然会出现降水过程,就会有水的"再生产"。可见,气象资源是自然力生生不息的运动结果,因而它会不断地被派生出来。

同时,毋庸置疑,人类在生活过程中,不断地影响着包括大气环境在内的自然资源,其中包括再生产出气象资源。如人工降水、人工控制雷电等。

气象资源的再生性,决定了气象资源是一种取之不尽、用之不竭的自然力;气象资源的非再生性,决定了气象资源的非雷同性。我们只有把两者统一起来,才能更好地开发利用好气象资源。

二、气象的生产力性质

气象是一种生产力。生产有广义与狭义之别。广义的生产有两个组成部分,一是自然的生产和再生产,二是社会的生产和再生产。狭义的生产则是单指社会生产和再生产;从广义上说,生产力是指创造财富的能力,从狭义上说,生产力则是指生产物质产品和提供劳务的能力。作为一种生产力,气象不仅能创造自然财富,而且还能创造人工财富。也就是说,气象既是一种自然生产力,又是一种社会生产力。

(一)自然生产力

自然生产力是指创造自然财富的能力。自然的生产与再生产是自然力创造自然财富的过程。所不同的是,社会生产与再生产,则是人类社会的劳动借助于劳动手段,作用于劳动对象,使劳动对象产生形变和位移的过程,它是人类社会创造财富的活动。无疑,社会生产与再生产必然会以自然的生产与再生产为前提条件。因此,我们把自然的生产和再生产,称为第一性生产,把社会生产与再生产称为第二性生产。气象是第一性生产的生产力,能形成和推动自然的生产和再生产,这突出地表现在:一是生产出自然资源;二是生产出生物能、热能和风能等自然能源。

1. 生产出自然资源

降水、日照、云、大气环流、雷电等大气的运动,必然会生产出水资源、森林资源,并改变着土地的肥沃程度。

首先,水资源是指具有经济价值的自然水,主要是指淡水。目前,人类生产和生活所利用淡水的储量约占地球淡水储量的百分之三十,占全球水(咸水与淡水的总数)储量的十万分之一。虽然人们对水如何从海面和陆面上蒸发,再在大气中凝结成水滴和冰晶,最终形成降水的循环机制,目前尚不完全清晰,但是,太阳辐射以及大气运动在降水中的作用,还有陆地的降水是淡水生产和再生产的途径却已被公认。以我国为例,在 1483—1533 年的 50 年中,以及在 1535—1583 年的 48 年中,由于我国干湿气候的变化,曾相继出现过降水减少和降水过多的状况。据历史记载,前 50 年里出现过 7 次欠缺水资源的大旱灾害,后 48 年中出现过 7 次降水过多的大涝灾害。

其次,广义的森林资源是林地及其所生长的森林有机体的总称;狭义的森林资源则仅指以乔木为主的森林植物的总称。生物学指出,阳光、雨露和空气等三种气象要素,乃是森林资源的生产与再生产的动因。正由于此,不同的气候带便出现不同类型的森林植被。我国是以季风型大陆性气候为主且又具有气候多样性的国家。在气候生产力的作用下,从而成为森林资源丰富的国家。据第六次(1999—2003 年)全国森林资源的调查统计,我国森林蓄积量已高达 124.56 亿立方米,居世界第六位。无疑,我国气象自然生产力的水平亦必然居于世界前列。

再次,资源经济学认为,土地资源是指在大地总量中具有经济价值和社会价值的土地。在社会经济的存在与发展的意义上,土地的价值取决于土地资源肥沃程度及其所在的地理位置;而土地的肥沃程度则又取决于土地的保墒、土地的酸碱度和土地中的微生物成分等要素。土壤学指出,上述诸多要素的存在程度则又与土地所在区域的气象条件有关。这也就是说,它们取决于土地所在区域内一定的温度、降水、日照、太阳辐射等诸多气象要素。不难理解,土地的生产力在这个意义上决定于气象生产力。事实也正是这样。一般说来,土地由肥沃到沙漠化或盐碱化,或由贫瘠到肥沃,都与土地自身所在地区的气候变化相关联。

2. 生产出自然能

自然能包括常规能源和新能源。在新能源中,生物能、太阳能和风能等占有重要位置,它们的生产与再生产同气象有着直接关联。

首先,生物能是指太阳通过绿色植物的光合作用(以二氧化碳和水为原料),将光能储藏于植物体中所形成的能量。据统计,全世界每年储藏在天然植被中的植物能,其净生产量约有 1411 亿吨之巨。

其次,热能中的太阳能与气象关系既直接而又紧密。这是因为,天气和气候皆直接影响着太阳能的开发和利用。

在我国,根据各地接收太阳的辐射量的多少,划分出了五类地区。一类地区年太阳辐射总量为 $6680\sim8400$ MJ/m^2,二类地区为 $5850\sim6680$ MJ/m^2,三类地区为 $5000\sim5850$ MJ/m^2,四类地区为 $4200\sim5000$ MJ/m^2,五类地区也有 $3350\sim4200$ MJ/m^2。太阳能的开发和利用有着广阔的前景。不言而喻,在风能、太阳能被称作新能源的今天,在传统能源资源有限和发展低碳经济的约束条件下,风能和太阳能等气候能源的开发利用逐步取代传统能源,将会为期不远。

再次,风能是指通过一定的技术手段和装备,由风推动的机械装置而产生出的能量。风能与气候状态密切相关。情况正是这样,在我国新疆北部、内蒙古、甘肃北部、东南沿海及其附近岛屿,即是由于气候特点而天然产出风能的自然地区,其风能密度可达 300 W/m^2 以上,$3\sim20$ m/s 的风速年累计达 5000～6000 h。这样,我国可开发利用的风能储量约为 10^9 kW。根据"十一五"国家风电发展规划,2010年全国风电装机容量可达 $5×10^6$ kW,2020 年全国风电装机容量将达到 $3×10^7$ kW。

要指出的是,我国气候类型多样,且在同一气候地区的内部,又存在着多样性的特点。因此,我们应该充分发挥气候能源的优势,把开发与利用气候能源置于一个重要位置之上。仅以贵州省为例,贵州虽不属于太阳能与风能集中的地区,但在贵州,年平均太阳辐射为 3149.16～4594.16 MJ/m^2,开发和利用太阳能的价值不可低估;同时,在贵州省内海拔 1500 m 以上的高地,特别是其中的2000 m 以上的区域内,风速大于 5 m/s;风能的储量丰富,其开发和利用风能的价值亦不可小视。

(二)社会生产力

关于气象的社会生产力性质的认识,在我国,应当首推气象学家竺可桢先生。1921 年,竺可桢先生在他所撰写的《论我国应多设气象台》一文中指出,建设百所气象台,"虽需岁耗百万之巨金,但农商各业,一岁中受其赐者,当倍蓰于此数。"可见气象是社会生产力。毋庸置疑,气象运用在生产中能提高生产效率,提高生产力水平。在经济学的视区内,气象的社会生产力性质集中表现在两方面:一是气象是生产要素之一;二是气象会生产出生产者剩余。

1. 气象生产要素

生产要素是指生产中不可或缺的投入物。投入物同产

出间的关系,在西方经济学中是用生产函数来描述的。其一般生产函数式为:

$$Y = F(X, T)$$

式中 Y 表示产出量,$X(X_1, X_2 \cdots\cdots X_n)$ 表示投入向量,T 表示技术水平指数。

气象作为生产要素是投入向量的一种,它在柯布—道格拉斯生产函数中表述的更为清楚,其函数式为:

$$Y = AK^a L^b N^{1-a-b}$$

式中 Y 表示产出量,A 表示技术变化参数,K 表示资本投入量,L 表示劳动投入量,N 表示自然资源投入量,a 表示资本弹性,b 表示劳动力弹性。气象作为生产要素的存在,源于它是第一产业、第二产业和第三产业中的许多行业所必须投入的自然资源,或者说,是其必须具备的自然条件。

农业生产是在自然条件下开展的生物生产。生物的生产就是生物生命活动的过程。这一过程对植物生产而言,它包括播种、生长、收获三个阶段;对动物生产而言,它包括配种期、保育期、生长期三个主要阶段。无论是植物生产的三个阶段,还是动物生产的三个主要阶段,其中不论哪一个阶段均需要一定的气象要素的投入,从而才能确保产出。同时,投入的气象要素的量与质愈好,其产出的量亦将愈大,质亦愈佳。如竺可桢所说:"唯有季风,故而中国南方之雨量较北方为多,唯有季风,故而各省之雨泽多在夏季,正为五谷繁殖之时。中国农夫受季风之赐者盖不少。"

应当说,第二产业和第三产业的生产离不开自然环境,从而离不开气象条件。这样,气象要素也就必然会被人们视为投入物。然而,在严格的投入意义上说,在自然环境下所进行的生产的第二产业、第三产业中的某些行业,气象要素才作为生产要素而存在。具体地说,这些行业主要包括第二产业中的采掘业(露天采掘和地下采掘),电力业,对大气品质要求较高的医药业和电子技术、航天技术、遗传工程等现代尖端技术行业,还有传统的酿造业、盐业等;第三产业的建筑业、交通运输业(公路运输、海上运输、航空)、邮电通讯、仓储业、传媒业、保险业等。

需要强调的是,在报纸、广播、电视、手机等传媒业中,气象要素,不仅是上述行业的生产条件,而且还必须直接进入其生产过程之中。这是因为,传播气象信息正是这些传媒业所提供的服务之一。

还要指出的是,保险业虽和气象条件没有直接关系,但由于保险业务旨在组织经济补偿、加强防灾防损、增强受保单位抗御自然灾害的能力,这样,保险业亦应被看作和气象直接相关的行业之一。

2. 生产者剩余

马克思说:"各种不费分文的自然当作要素也可以更为有效地合并到生产过程中去。"气象作为不费分文的生产要素合并到生产中去,无疑将会生产出生产者剩余。

生产者剩余是西方经济学中所涉及到的一个范畴。它是指一定量的产品所实际售卖的价格与愿意接受的价格的差额,即:

$$生产者剩余 = 生产者实际售卖的价格 -$$
$$生产者愿意接受的价格$$

生产者剩余可用坐标图(图 1-1)描述。

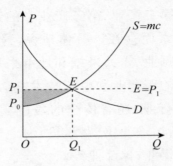

图 1-1　生产者剩余

图 1-1 中，OQ 表示产品量，OP 表示价格，S 表示供给曲线，D 表示需求曲线，P_1 表示市场均衡价格（$P_1 = K + \overline{P}$，K 表示社会平均成本，$\overline{P}$ 表示平均利润），P_0 表示生产者愿意售卖的价格，$P_0 E P_1$ 的范围为生产者剩余。

P_0 由生产者生产某一产品的成本价格（投入物的价格）K_0，加一定的利润组成。在市场经济条件下，利润一般由平均利润率决定，即平均利润，用 $\overline{P}$ 表示，$\overline{P}$ 在一定的时间内是一定量。这样，$P_0 = K_0 + \overline{P}$。

若 $P_0 < P_1$，则生产者会获得生产者剩余。

在平均利润一定的条件下，要使 $P_0 < P_1$，则 K_0 应低于社会平均成本 K。

对于同气象条件关系密切的行业，个别成本低于社会平均成本途径，一是使用不费一文的气象生产力，二是提高劳动强度，加强管理，使用创新工艺、技术与设备，以提高劳动生产率。在这两种途径中，利用适宜生产的气象条件，无疑地会更为合算。正在这个意义上，生产者剩余是气象社会生产力的一种客观表现，它是由气象生产力所生产的。

气象生产力已经得到了学者们的广泛认可。例如，侯西勇在《1951—2000 年中国气候生产潜力时空动态特征》一文中,给出了 50 年间中国气候生产潜力为73.12×10^8 t/a的结论[1];又如,在对陕北米脂县 1971—2004 年气象状况分析中,研究者延军平、张红娟得出"冷湿型"气候对该县农作物生产有利、公顷产量会增加 4.66%的结论[2]。

三、气象的破坏力性质

力是一事物对他事物的作用。正是在这一意义上,气象要素或气象条件对他事物的作用,亦可称为气象力。气象力作为一种自然力,对于财富作用具有两重性,即既可表现为气象生产力,又可表现为气象破坏力。经验反复证明,对于人类社会而言,认识和预防气象破坏力与认识和利用气象生产力同等重要。

(一)气象破坏力的表现形式

气象破坏力是指天气和气候状态对人的生命财产、国民经济、公共安全所造成的直接和间接损害。它表现为气象灾害。

按灾害发生时的损失程度,灾害经济学通常把灾害分为一般灾害和巨灾。气象灾害的划分亦是如此,但是,关于损失标准的确定目前科学界尚无定论。在我国,一般把直接经济损失 100 亿元(以 1990 年价格为标准),或死亡 5000人以上的气象灾害定义为巨灾。

气象灾害包括天气、气候灾害和次生、衍生灾害两种类型。2010 年国务院颁布了《气象灾害防御条例》。在这一条例中,既列举了台风、暴雨(雪)、寒潮、大风(沙尘暴)、低温、高温、干旱、雷电、冰雹、霜冻和大雾所造成的气象灾害形式,又列举出了由天气、气候等气象灾害所引起的水旱灾害、地质灾害、海洋灾害、森林草原火灾等衍生、次生灾害形式。实际上,所有这些灾害皆是气象破坏力在我国的表现形式。特别是其中的干旱、暴雨、热带气旋(台风)、风暴、低温冷冻雪灾,乃是我国最常见的气象灾害。以暴雨(我国指24小时降水量等于或大于50 mL的雨)为例,20世纪80—90年代,1983,1988,1991,1998,1999这5年内,在两湖盆地和长江三角洲地区均发生过严重的暴雨洪涝灾害;至于台风灾害,在东南沿海的江、浙、两广、海南等区域则几乎每年暴发。

一般地说,不同的气象灾害有着不同的致灾因素。比如,暴雨主要是因山洪暴发、河水泛滥、城市积水等而致灾;干旱因缺水而致灾;台风因狂风、暴雨、洪水而致灾;雪害因暴风雪、积雪而致灾;雷电则因雷击而引起生命的死亡和财产损失,等等。

(二)气象破坏力的经济学特征

气象灾害所造成的损失集中体现着气象的破坏力。气象灾害的特征客观地反映了气象破坏力的特征。气象学把气象灾害的特征概括为种类多、范围广、频率高、持续时间长、破坏性突出,连锁反应显著等。然而,由于认识事物的视角的区别,进而对其特征的概括也就会不尽相同。这样,基于上述气象学的认识,经济学进而对灾害的损失度、损失范围、控制损失的投入、善后处理的投入等诸方面,即可概括出气象破坏力的经济学特征。

1. 损失程度的严重性

在我国常见的气象灾害中,不仅巨灾所造成的损失非常严重,而且一般灾害也会带来较大的经济损失和人员伤亡。以旱灾为例,据统计,我国农作物平均每年受旱面达3亿多亩①,成灾面积达 1.2 亿亩;每年因旱减产平均达100 亿~150 亿千克,每年因缺水所造成的经济损失达 2000 亿元。当前,全国有 420 多个城市存在着干旱缺水问题,比较严重的缺水城市有 110 个。更为严重的是,每年全国因城市缺水而影响 GDP 增加的数额竟达 2000 亿~3000 亿元之巨。

损失程度的严重性源于:(1)灾害性的天气与气候状态。灾害的发生不仅具有瞬时性,而且还带有一定的持续期。(2)在我国,灾害的覆盖范围往往不是一个"点",而是一个区域。小者可以是一个社区,大者可以是多个省区。(3)每一气象灾害的发生,往往还会伴随衍生灾害、次生灾害的发生,这又必将会提高灾害所造成损失的程度。

2. 损失范围的系统性

损失范围的系统性是指,气象灾害所造成的损失不仅具有链式的线性特征,而且还有片式的区域性特征,即"线"与"面"的结合。

以 2008 年湖南冰灾为例,它的链式特征表现为:低

---

① 　1 亩≈0.0667 公顷,下同。

温—雨雪—冰冻—雪冰压拉(自然灾害)——→断电—缺水—堵道—机场关闭(生产事故)——→车站拥堵—乘客积压(社会治安)——→生存环境破坏—饮用水源污染—食品质量受影响(公共卫生事件)。它的区域性或面的特征表现为,灾害不仅直接影响了湖南地区的人民生活和工业、交通运输业、医药卫生业,各级权力机构,生态和环境,而且还给邻近的广东的交通运输、返乡旅客造成来巨大影响。由于损失范围的线、面结合,这次冰灾灾害所造成的损失竟高达2000多亿元之巨,受灾人口多达1亿人以上[3]。

损失范围的系统性,源自气象环境与人类本身的密不可分性,即气象环境与人类所构成的大系统。在这一大系统中,人类社会是一个子系统,人类的政治、经济、文化、国防等社会生活的诸方面,仅是子系统的有机组成部分。这样,大气环境的变化、天气和气候的变化,必将导致人类社会相应地发生变化。"牵一发而动全身",自然,同气象环境发生直接关系的经济活动,以及表露在大气环境中的第一产业、第二产业和第三产业的活动,亦将会发生变化。同时,这一链式的线运动又必然会涉及其他经济领域,进而又还会涉及政治文化等领域。这样一来,线运动成面,面运动成体,社会系统也就由此而受灾。

3. 控制损失的投入的多元性

控制损失的投入具有多元性特征。

天气、气候状态及其变化源于其内在的物理运动与化学运动;天气状态及其变化源于气候系统,因此,天气、气候所形成的气象灾害是由其内在的必然性所决定的。一种天气状态的条件成熟了,一种气候变化的条件形成了,天气和气候就会即将发生变化。如果这一变化的强度过大,就可能出现危及社会生活与居民生命财产的气象灾害。这是不以人的意志为转移的大气环境与人类关系的客观表现。

在人类对大气运动有了一定的认识、了解和掌握的今天,气象工作者在人工影响天气上虽然取得了弥足珍贵的成果,但是,这种成果只是零星的、小尺度的。应当说,在一个长久的未来,由天气、气候状态及其变化所引起的气象灾害还是不可控制的。然而,这并不能说人类在气象破坏力的面前是无能为力的,或者说,人类还不能降低和减少气象灾害的损失。郑国光在《中国气象局成立六十周年庆祝大会上的讲话》中说得十分明白:"气象灾害造成的经济损失占 GDP 的比重,已从 20 世纪 90 年代的 3％～6％下降到目前的 1％～3％"。

实践反复证明,气象灾害的损失存在着一定的可控性;控制气象灾害的损失需要全社会开展气象灾害的防御工作,这一工作涉及政府各部门、公民、法人和其他组织。2010 年 1 月 20 日,国务院所公布的《气象灾害防御条例》的第三条指出:"气象灾害防御工作实行以人为本、科学防御、部门联动、社会参与的原则。"第九条还规定:"公民、法人和其他组织有义务参与气象灾害防御工作。"这就清楚地表明,防御主体具有多元性。

从经济学的视角来认识防御,防御是一定投入与一定产出的活动,防御主体自然是防御活动的当然投入主体,众多的投入主体需要按照各自的职责投入一定的人、财、物。防御工作主体的多元,决定着控制气象灾害损失的投入主体的多元。

除了投入主体的多元性外,投入物也具有多元性或多样性。这是因为,防御工作涵盖着不同环节的不同具体工作,诸如宣传、预防、监察、预报和预警、应急处理、法律责任等。由于不同环节的具体工作是不同质的工作,因而其所需要的投入物亦会不尽相同。例如,宣传需要媒体投入宣讲资料,而预防则需要政府的有关职能部门建立起气象灾害的数据库,划定出气象灾害风险区域等。正因如此,在防御过程的不同阶段上,其防御灾害的投入物,就必然有一定的质的差异。

投入的人力,或投入的物质资源,最终都将会反映为一定数量的货币。由于投入主体的多元性以及投入物的多元性,由货币计算的投入量也自然会表现出两大特点:(1)投入量的连续性。由于防御的不同的阶段都需要投入,这样,投入量则需要贯穿于防御的整个过程之中。(2)投入量的分散性。由于在不同的防御阶段上有着不同的投入量的需求,因而其投入便会分散在各个不同的防御阶段以及各个不同的投入主体之上。

4. 善后的投入的持久性

在经济学意义上,善后处理也是一种产出投入活动。这种投入具有持久性的特征,它是由善后处理的持续性所决定的。

善后处理的持续性是指,气象灾害结束后所不断进行的处置工作,是一个长久持续的过程。因为,气象灾害所导致的人员伤亡,需要对伤亡者的家属进行长久的心理治疗调适;所导致财产的损失,需要一个较长时间才能得到弥补与恢复;防御工作的各环节也需要在每次灾害结束后检查、修正和补充。显然,上述活动的持续性,决定着善后投入的持久性。

四、气象的消费属性

广义的消费是指生产消费和生活消费;狭义的消费是指生活消费。这里所讨论的气象的消费属性,仅限于在狭义上,其含义是:气象是人们的一种须臾不可离开的生活消费品。它表现为天气状态与气候状态直接制约着居民的物质生活、精神生活及健康状态。

(一)气象要素影响着居民物质生活的品质

居民物质生活的品质主要包括环境品质和物质资料品质两方面的内容。环境品质由适宜于居民生活的程度来量度;物质资料的品质则由居民所需的生存资料、享受资料、发展和表现一切体力智力所需物质资料这三方面的数量、结构和质量来量度。

1. 气象要素影响着居民的生存质量

地球大气中的氧气是居民赖以生存的物质基础。同时,气温、气压、降水又是居民赖以生存的物质条件。无疑,宜人的天气状态,如适宜的干湿、阴晴、风雨、冷暖将会使居民惬意而心情舒畅。

为改善居民的生活质量,人们总是千方百计地改造居住环境,创造室内小气候。进入 20 世纪中叶以后,创造宜人的大气环境,已经是当代人类的共同奋斗目标。理论和实践表明,气象环境是提高居民生活品质的重要条件之一,适宜人居住的气象环境是居民所需要的优质消费品。

2. 气象要素制约着居民的消费需求

气象资源作为生产资源,同第一产业、第二产业和第三产业有着密不可分的关系,即具有直接或间接地作为生产要素而发生作用的关系。气象要素的优劣,或者说,气象资源的状况,直接影响着产业部门所生产的物质产品和劳务的质量,进而影响着居民的消费品质,制约着居民的消费要求。

(二)气象是居民健康的精神生活的消费品

气象与居民的消费关系还表现在气象对居民精神生活的影响上。人们的精神生活是指人们的意识活动,是以生理活动为基础的心理活动和认识活动。它表现为浅表层次的喜、怒、哀、乐的情志活动和高级层次的思维活动。现代医学已经证明,气象要素如气温、气压、温度、风、空气离子、电磁辐射等都会影响人体的生理机能,进而影响居民的生理活动和认识活动,因此,利于心理活动与意识活动的气象条件,是居民所必需的消费品。

(三)气象是维护和增强人体健康的消费品

研究气象与居民身体健康的关系,现已形成应用气象领域中的一门新兴学科——医疗气象学。医疗气象学证明,气象和气候是维护和增强人体健康所必需的消费品。

或者说,气象与气候是人体健康所必需的消费品。气象要素的被消费主要表现在气象与疾病、死亡、保健及治疗四个方面。

1. 气象与疾病

按疾病与气象的关系,中医学把疾病划分为多发病、常见病和时令病,其中时令病与季节(气候)有直接的关系,而多发病、常见病,如冠心病、关节炎、支气管疾患等,又同天气和气候有着直接的关系。对此,西医学也持有同样观点,认为心肌梗塞、低血压、糖尿病、肺炎等疾病,会因天气状况的变化而诱发,而高山病、精神病、传染病等则又会因天气状况的变化而恶化。

"治疗与保健离不开气象要素"。这已为中西医所公认。中国医学典籍《黄帝内经》指出:"阴阳四时者,万物之始终也,逆之则灾害生,从之则疾不起,是谓得道。"经验证明,顺应气象的变化,是中医的重要保健原则。中医病因学还把气象要素作为致病的因子来认识,比如它把"风、寒、暑、湿、燥、火"称为外因。

医疗气象学已经成为生物气象学的一个分支。如1956年成立的国际生物气象学会,就已把医疗气象学作为学会的一个研究内容。医疗气象学认为,影响人体健康的因子一般来自四个方面,即气象要素、大气化学、大气电磁和生物因子,其中涉及气象方面的因子就占其中三个方面。如低温刺激会导致心肌缺氧加重,低压环境会使血色素不能被氧饱和而出现血氧不足;空气离子能调节神经系统功能、加强新陈代谢;红外线具有消炎镇痛的作用,等等。

2. 气象与死亡

据统计,死亡率的高低与季节变化有关,美国、英国、日本和我国均为冬季的死亡率最高。天气和气候的变化,除了因气象要素的骤变影响着人们的健康和生命外,还会因天气事件而直接或间接地引起死亡,如因暴雨、台风、雷暴电、大气污染等而导致的死亡。

3. 气象与保健

利用气象条件,选择适宜的疗养地,一直是居民提高身体素质、进行辅助治疗的一种途径。山地疗养地、海滨疗养地均是保健和治疗的胜地。以海滨疗养地为例,其所处地区不仅湿度大、温度变化缓和,日照比较充足,而且空气中含有海盐成分和大量阴离子,污染物少。

4. 气象与疗法

通常,人们把利用气象条件作为治疗的方法,概括为空气疗法、日光疗法(日光浴)、海水疗法(海水浴)。在医学实践上,这些治疗方法已经为社会公众所接受,并被大多数居民身体力行,不同程度地收到了预防疾病、辅助药物治疗、恢复健康、增强体魄的实效。可见,宜人的天气和气候是居民健康必需的消费品。

第三章 气象服务的效用

一、效用和使用价值

效用和使用价值是两个相互联系而又相互排斥的概念。

在西方经济学说史上，"1700 年数理概率学的基本理论开始发展后不久，效用这一概念便产生了。[4]64"之后，"效用"的概念被古典政治经济学学派的学者们，尤其是被如亚当·斯密、大卫·李嘉图、约翰·穆勒等大师广泛使用。

19 世纪末叶到 20 世纪初，效用理论在新古典学派手中得到了很大的发展。法国人杜比特提出了边际效用的概念；德国人戈森给出了戈森第一定律和第二定律；马歇尔则将边际分析融入供求分析之中。这样，关于边际效用和边际效用递减规律的论述，则构成了西方经济学的基本内容和基础理论。

马克思主义经济学是从古典政治经济学脱胎变革而来的。在其早期的经济学著作里，马克思也常使用"效用"一词。然而，在创建自己的劳动价值理论中，马克思却又舍弃了"效用"而提出了"使用价值"这一范畴。之后,使用价值成为马克思主义经济学所特有的范畴。

萨缪尔森在其《经济学》中说:"效用"表示满足。"更准确地说,效用是指消费者如何在不同的物品和服务之间进行排序"。他又说:"通常,可将效用理解为一个人从消费一种物品或服务中得到的主观上的享受或有用性。"[4]64

效用概念曾被马克思使用过,但后来他却抛弃了它,而采用使用价值,以使用价值来定义为商品的有用性,他说:"物品有用性使其具有使用价值。但这种有用性不是悬在空中的,它决定于商品体的属性。离开了商品体就不存在。"他还说:"使用价值只是在使用或消费中才能实现。"[5]48

使用价值的出现以及使用价值和效用的定义清楚地表明,使用价值和效用是两个不同的范畴。然而它们之间又有联系,因为它们都是描述物品(或商品)的有用性的经济学范畴。

不过,马克思主义的政治经济学强调了物品的有用性是物品的客观属性,认为物品的有用性是由物品的物理的、化学的、生物的性质所决定和所赋予的;而西方经济学认为,这一有用性不具客观性,它是消费者对消费品的主观判断,是其选择消费的主观标准。这就如同萨缪尔森所说:"为了描述消费者在不同的消费可能性之间进行选择的方式……经济学选择了效用这一概念。[4]62"

必须强调的是,在这里,我们在讨论气象服务的经济性质时,大胆地选择了西方经济学的效用范畴,而没有选择马克思主义经济学的使用价值范畴。这是因为,气象服务的有用性只有在使用中或在被消费中才能实现,更为重要的是,是否使用或消费气象服务,是使用者的主观选择。

还必须强调的是,我们选择"效用"却又不完全是在西方经济学的意义上来使用它的。因为,我们坚持马克思主义经济学的"有用性是一种客观属性",坚持气象服务的有用性是由气象服务产品性质所决定的,坚持气象服务的有用性是由产品性质所决定的服务品质标准及其质量所决定的。这正如每日的天气预报的有用性,是由对每日的大气状态的气象要素的准确描述所决定的。

而对气象服务效用的评价和选择,却又因消费者对一定气象服务敏感性程度的差异而不同,即因人们主观判断的差异而不同。比如天气预报的效用,首先是决定于天气预报的性质,以及由这一性质所决定的气象要素的规定性;其次是预报对这一规定性的描述的准确性(这是有用性的基础)。在实际生活中,人们是否使用天气预报,则因人而异。因此,准确地说,气象服务效用的有用性可以定义为消费者对有用的气象服务的主观选择。

应该承认,消费者对有用气象服务的主观选择既以气象服务的有用性为基础,又以消费者对气象的敏感程度,即消费者与气象条件的关系为条件。同时,从气象服务的外延上考察,服务即是关于天气和气候及其相关问题所提供的服务,由此出发,我们认为,作为经济学范畴的气象服务的效用,或者说,气象服务的有用性主要表现在:防灾减灾、创造财富、提高社会福祉水平等方面。

二、防灾减灾服务

(一)气象服务的首要效用

我国是一个自然灾害频发的国家,在以气象灾害为主的自然灾害中,灾害不但种类多、范围广、频率高,而且时间长、强度大、损失重。

就其灾害所造成的损失而言,从国家统计局每年发布的《国民经济和社会发展统计年报》考察,仅在 2004—2009 年这 6 年内,干旱和洪涝等气象灾害所造成的直接经济损失,一般每年在 1000 亿元人民币以上,或者接近 1000 亿元。其中,2004 年达 975 亿元,接近 1000 亿元;2005 年、2006 年依次为 2042 亿元和 2528 亿元;2007 年、2008 年、2009 年依次为 1611 亿元、937 亿元和 1754 亿元。

"管中窥豹",上述数据表明,防止和减轻气象灾害具有极其重要的意义,它必然是气象服务的首要效用,即气象服务首要的有用性所在。

(二)防灾减灾服务的内容

天气系统的变化是一种自然现象。尽管这一自然现象服从于天气内在的变化规律,是人力所不能征服的。但是,在人类现有认识与把握气象的科学水平和技术条件之下,科学的防御却是人们能够积极运作进行的。气象部门的减灾防灾服务,正是科学防御的重要内容。

中华人民共和国国务院所颁布的《气象灾害防御条

例》,已对气象部门的防灾减灾服务做出了具体的规定:预防服务、预测预报和预警服务等。

1. 预防服务

预防服务主要有:(1)在政府的领导和组织下开展气象灾害普查,建立灾害数据库,划定气象灾害风险区域;(2)会同有关部门编制国家和地区的气象灾害防御规划;(3)会同有关部门编制国家和地区气象灾害应急预案。

2. 预测、预报和预警服务

预测、预报和预警服务的主要内容有:(1)开展灾害性天气的监察工作,并及时向气象主管机构和有关灾害防御、救助部门,提供出雨情、水情、旱情等监察信息。(2)要完善灾害性天气的预报系统,提高灾害性天气预报、警报的准确率和时效性;同时,按照其职责向社会统一发布灾害性天气警报和灾害预警信息,并及时向有关灾害防御、救助部门通报。(3)做好太阳风暴、地球空间暴等空间天气灾害的监察、预报和预警工作。

3. 应急处置服务

应急处置服务的主要内容有:(1)及时向本级人民政府和有关部门报告灾害性天气预报、警报情况和气象灾害预警信息。(2)加强对气象灾害的监察和评估,启用应急移动气象灾害监察设施,开展现场气象服务,及时向本级人民政府及有关部门报告灾害性天气实况、变化趋势和评估结果,为本级人民政府组织防御气象灾害提供决策依据。(3)参与对气象因素引发的衍生、次生灾害的联合监测,并根据相关的应急预案,参与应急处置工作。

相关链接一:中央气象台首发寒潮黄色预警

1月16日18时,针对强冷空气将给新疆、西北地区东部等地带来大风降温降雪的情况,根据《国家气象灾害应急预案》有关规定,中央气象台首次向社会发布寒潮黄色预警。[6]

相关链接二:青海省气象局副局长王莘:全力提供抗震救灾气象服务保障

4月16日,青海省气象局副局长、省局抗震救灾指挥部指挥长王莘分别接受了华风气象影视信息集团和青海电视台《昆仑在线》栏目记者的专访,详细介绍了在玉树地震灾害发生后,青海省气象部门干部职工团结一致、合力抗灾,在积极开展抗灾自救的同时,千方百计确保气象业务正常运行,全力提供抗震救灾气象服务保障。

在回答记者关于灾情发生后,青海气象部门在第一时间做了哪些工作的问题时,王莘说,玉树地震发生后不久,省气象局就得到了消息,随即一面向中国气象局汇报,一面迅速召集省局领导、机关处室和业务单位负责人召开紧急会议,安排部署抗震救灾工作。同时宣布启动了《青海省气象局启动地震灾害Ⅰ级应急响应命令》,青海省气象局各单位立即进入地震灾害Ⅰ级应急响应。

……

王莘说,青海省气象部门积极开展了抗震救灾气象服务工作。首先是建立了互动互补的气象服务机制,开展了有针对性的气象预报服务,包括地震灾区分时段的温度预报、大气含氧量预报、西宁至玉树地震灾区 214 国道沿线的分段天气预报、救灾帐篷内外温度差的对比观测等,制作了《青海玉树抗震救灾专题预报服务》《地震灾区气候专题分析》《抗震救灾近期气象工作汇报》《西宁——玉树抗震救灾沿途公路交通气象预报》四份汇报材料,向玉树抗震救灾指挥部进行专题汇报。其次是在国家气象信息中心的支持下,与省科技厅合作制作了玉树地震灾区的遥感影像图,同时在省政府抗震救灾现场指挥部附近安装了 LED 显示屏,滚动发布最新的天气预报信息,为各级领导指挥抗震救灾提供了直观科学的依据。第三是安排开展灾区气象灾害风险评估,着手编写藏汉双语气象灾害避险手册,为政府决策提供依据,为灾区群众提供便利。第四是经过省质监局特别批准,组织制订玉树地震灾区过渡安置房防雷地方标准,以便在下一阶段统筹实施。[7]

(三)气象灾害损失值的认定

关于气象灾害损失值的认定,国内学者们有不同的观点。如罗祖德、徐长乐在《灾害科学》一书中认为,气象灾害的损失应包括"对在灾害中伤亡人员需以金钱形式予以补偿;在灾害中毁损的房屋、田园的重建,要恢复生产,需要投资。[8]"赵阿兴、马宗晋在其《自然灾害损失评估指标体系的研究》一文中则认为,它包括人员伤亡损失、经济财产损失、灾害救援损失[9];祝燕德等在其所著《重大气象灾害风险防范》一书中,则提出了人员伤亡,直接经济损失,间接经济损

失和社会成本四大方面,并指出四方面所应计算的
内容[3]163。

所不同的是,我们认为,气象灾害的损失值应以气象灾
害的损失性质为标准,把其灾害损失划分为相互关联而又
不同的发生与处理两大阶段的损失。就阶段的过程性而
言,发生阶段包括灾害暴发、持续与结束三个时期;处理阶
段包括灾害结束后的善后处理、恢复与重建时期。相应地,
把这两个阶段中的损失及其数量大小与多少,划分为直接
损失和间接损失,以及直接损失值与间接损失值。同时,相
应地,我们还认为,气象灾害的损失值,就是直接损失值和
间接损失值两者之和。

具体地说,直接损失应包括在气象灾害的发生、暴发至
结束之中,实际包括灾害覆盖区域内用货币计量的人员伤
亡、财产(个人财产、企业和机构财产、公共财产)损失、生产
(产品毁损、生产停滞等)损失、人员和财产的转移费用等。

间接损失应包括灾害处理结束后的处置工作所支出的
费用,以及灾害重建和恢复生产所需要的费用。由于这部
分费用是因灾害而引发的,是一种重复性的投入,因而亦被
称作为损失。

(四)防灾减灾的经济价值

气象部门所提供的防灾减灾服务,乃是气象服务有用
性的客观表现与直接反映。前已述及,气象部门所提供的
防灾减灾的服务包括预防服务、预测、预报和预警服务以及
应急处置服务。显然,这些服务同世间任何事物皆是质与
量的统一别无二致。因为,这些服务在质上是防灾减灾服

务,在量上则是用货币反映的服务所具有的效用的大小与多少。

不难理解,防灾减灾的经济价值,即是人们从货币量的角度来考察和计量服务效用的大小多少。生活证明,它通过消费或使用防灾减灾的气象服务,减少了气象灾害的损失值。用数学式表示即是:

$$防灾减灾的经济价值＝气象灾害的损失值－$$
$$使用或消费气象服务后的损失值$$

事实证明,气象服务中的防灾减灾服务的意义正在于最大限度地减少气象灾害的损失值,最大限度地提高气象灾害的经济价值。

相关链接:福建 2008 年第 8 号"凤凰"强台风气象应急服务案例

在 2008 年 7 月 20—28 日第 8 号"凤凰"强台风来临之前,福建省气象台从 7 月 20 日起发布了"7 月下旬天气预报",24 日送达了专题气象服务,25 日又报送了"重要天气预警报告"和"重要气象信息专报"。27—28 日制作了"重要天气省领导专报",同时,自 28 日 13 时 30 分起,报送了"短时强天气报告"17 次。其间,福建省气象台共发布台风预警信息,有"台风蓝色"信号 4 次、"台风黄色"信号 9 次、"台风橙色"信号 18 次、"暴雨红色"信号 2 次、"暴雨橙色"信号和"暴雨黄色"信号各 1 次。先后共向有关政府部门领导、社会民众发送公益短信 1110 万条,相应地还启动了气象灾害应急预案的 Ⅲ 级应急响应和 Ⅱ 级应急响应。

"根据气象部门的预报,福建省各级政府组织海上作业的船只以及海上和陆地危险地带人员进行转移。全省 9801

艘 60 马力①以上的渔船和 4.25 万条 60 马力以下的小渔船全部就近进港避风。累计全省安全转移人员达 48.89 万人,其中陆上转移 21.25 万人,海上转移 27.64 万人,最大限度地减少了生命和财产的损失,得到了当地政府和民众的肯定。"[10]

需要指出的是,此相关链接中所记载的减少生命和财产的损失值,即是减灾防灾服务的经济价值。

三、创造财富

气象的资源性质及其生产力性质,决定着向社会提供气象信息的气象服务具有创造财富的属性。换言之,气象服务在人类创造财富的过程中,通常能表现出它特有的效用性或有用性。

(一)财富的经济学含义

"财富"一词是经济学的基本概念。马克思主义经济学使用这一概念,西方经济学亦使用这一概念。所不同的是,西方经济学对"财富"缺乏统一的定义,有的学派把它定义为有形财产,有的学派则又把它定义为有形财产带来的快乐和效用;而马克思主义经济学则认为,"不论财富的社会形式如何,使用价值总是财富的物质内容。[5]49"在商品经济条件下,"商品作为使用价值满足一种特殊的需要,构成物质财富的一种特殊的要素。而商品的价值则衡量该商品对

---

① 1 马力≈735 瓦。

物质财富的一切要素的吸引力的大小,因而也衡量该商品占有者的社会财富。[5]156"显然,在这里,我们赞同并使用马克思主义经济学所理解的"财富"含义。

(二)成功的服务就是财富

从马克思主义经济学关于财富的论述出发,我们认为,对人类而言,有用的物质就是财富,有用的劳动就是财富,拥有的物资或劳动愈多则财富愈多。更重要的是,我们还认为,财富在市场经济条件下,可以用价值的一般形式来表现,即可以用货币的多少来计算其量的大小。

从上述认识出发,即从马克思主义经济学关于财富的含义出发来考察气象服务,其合乎逻辑的结论必然有二:(1)成功的气象服务就是财富;(2)使用气象服务会给使用者创造财富。

依照《中国气象统计年鉴》中的分类,气象部门所向社会提供的服务,即分为气象服务和气象科技服务两大类。其中,气象服务又分为公众气象服务、决策气象服务、专业气象服务、人工影响天气作业和气候资源开发利用等五大类服务,向数以千万计的用户提供着不同的、有用的气象信息,或者说,提供着不同的使用价值。实际上,气象部门成功的服务就是财富。

(三)使用气象服务创造财富

使用(消费)气象服务,能创造财富。气象服务所能创造的财富归纳起来有两方面:一是避害,即防灾减灾服务所减少的财富损失值;二是趋利,即使用人工影响天气、天气预报、气候预报以及利用气候资源等服务所创造的财富。

在使用(消费)气象服务的实际生活中,避害与趋利两者相辅相成,而且有的气象服务既避害又趋利,比如人工降雨,既避免了旱情所致的损失,又生产出水资源。

关于避害所创造的财富,前已有论及,这里仅从定性的角度简约地讨论趋利所创造的财富。实践反复证明,趋利所创造的财富,涵盖着社会生产和再生产中的生产或服务领域、流通领域。

在生产领域中,趋利所创造的财富,在经济学上表现为"生产者剩余"。事实上,"生产者剩余"会遍及对大气条件敏感的行业。比如,种植业中的农业生产者,需要使用天气预报和气候预报服务来选择播种的品种、时间及施肥量;能源业中的劳动者则需要使用天气和气候信息来安排确定产能;运输业中的劳动者则需要使用天气预报来安排运力,等等。显然,在财富创造的全过程中,对大气条件敏感的生产行业或服务行业皆十分需要使用气象服务。

就流通领域而言,气象状态影响着有关商品的销售与价格的波动。比如,日本气象协会调查了2000件商品的销路和气象状态的关系,且列出了商品开始畅销的温度表(表3-1)。

表 3-1 商品开始畅销的温度

适合夏天销售的商品		适合冬天销售的商品	
18 ℃	玻璃餐具	23 ℃	七分袖的上衣
19 ℃	短袖衬衫	20 ℃	套装
20 ℃	冷气机、竹帘	17 ℃	长袖衬衫
21 ℃	短袖运动衫	16 ℃	短大衣
22 ℃	啤酒	15 ℃	毛毯、长睡袍

续表

适合夏天销售的商品		适合冬天销售的商品	
23 ℃	浴衣（单薄的和服）	14 ℃	助烧（日式火锅）
24 ℃	泳衣	12 ℃	黑轮（杂烩烧）
25 ℃	凉面、冰淇淋	11 ℃	毛衣
26 ℃	杀虫剂	10 ℃	长大衣
27 ℃	西瓜	9 ℃	烫豆腐
28 ℃	防晒油	8 ℃	暖气机
29 ℃	遮阳伞	7 ℃	煤油
30 ℃	刨冰		

在经济生活中，人们看到，气象状态同商品的价格还存在着一定程度的联系。例如，世界畜产品市场在厄尔尼诺现象发生时，畜产品价格往往会自然而然地上扬。究其原因，全在于气象和生物链之间的直接联系，比如：厄尔尼诺现象发生——→沙丁鱼减少——→沙丁鱼市场紧张——→替代沙丁鱼的大豆需求猛增——→大豆价格上扬——→畜产品饲料成本提高、价格上扬。

上述所列举的事例表明，流通领域同样亦需要使用气象服务，以选择适宜销售的商品，调整待售商品的价格，避免损失，增加盈利，创造出财富。

四、提高社会福利水平

同防灾减灾、创造财富别无二致，提高社会福利水平，是气象服务又一重要效用。

在福利经济学的视区内,福利是一种效用。我们赞同这一认识,并据此考察气象服务,可以看到:气象部门通过维护和改善气象环境,为关系社会的重大活动而提供出重要的气象保证,为提高居民生活品质而终年提供气象服务,最终得以不断地提升社会福利水平。

(一)维护和改善气象环境

维护气象环境,是让人类赖以生存的气象条件不因某些人群的短视行为而使气象环境恶化;改善气象环境,是经过人们努力让气象条件对人的负面效应发生积极的变化。实践证明,维护和改善气象环境,既是人类可持续发展的重要条件,又是人类可持续发展的基础性条件之一。

如今,气候变化、空气污染、空气自洁能力降低、城市五岛(热岛、干岛、湿岛、浑浊岛和雨岛)效应等气象环境问题,已凸显在人类面前。例如,气候变暖的趋势已基本成为不争的事实;2009年的《中国气象年鉴》记载:"我国2008年空气质量与常年相比,东北大部分、华北东北部及内蒙古北部、新疆、青海大部分、西藏大部分较差或差。"维护和改善气象环境已经刻不容缓。

毋庸置疑,维护和改善气象环境离不开气象服务。中国政府在应对全球气候变暖的问题上,已向世界郑重提出:"到2020年,单位国内生产总值二氧化碳排放比2005年下降40%～50%,非石化能源占一次能源消费比重将达到15%左右,大力增加森林碳汇,大力发展绿色经济。[11]"无疑,这些目标的实现,需要气象部门提供天气预报、气候预测、气候变化预报等服务。

同样,空气污染的减少,空气自洁能力的提高,空气质量的转好,皆需要气象部门提供出气象服务,诸如空气质量预测、空气质量预报、沙尘暴监测、空气污染的气象条件预测,等等。另外,城市的五岛效应亦需要提供相应的气象服务。

总之,改善和维护气象环境的气象服务,影响到社会的政治、经济与文化的方方面面,牵涉千家万户,惠及芸芸众生,最终让人们的社会福利水平不断得以提高。

(二)为社会活动提供气象保障

一般地说,气象服务由于涉及国家的社会活动,从而关系到全民的利益和福祉;由于涉及地区和部门的社会活动,从而关系到地区和部门群众的利益和福祉。因此,为社会活动提供出气象服务保障,自然能够提高人民群众的生活质量,增进社会福祉,提高社会福利水平。

2008—2010 年,在我国,相继有三项重大的社会活动,一是 2008 年在北京举办的奥运会;二是 2009 年 10 月 1 日在北京举行的新中国成立 60 周年的庆祝大典;三是 2010 年在上海举办的世界博览会开幕式。这三大社会活动皆事关全国人民的福祉。如今,三大活动已圆满结束,赢得国人称赞,满载辉煌成果。因此,应当说,我国人民的社会福利水平有了节节攀升。自不待言,在这一攀升、提高的过程中,气象服务功不可没。下面用链接形式,以两则报载材料予以佐证。

链接一：伸出双臂拥抱太阳——国家气象中心国庆盛典气象服务纪实

为保证国庆盛典万无一失,中国气象局国家气象中心早在半年前就开始着手准备,围绕北京市气象局的需求,积极提供技术和业务上的支持。针对气象保障中涉及的低云、能见度等特殊要素预报难点和重点,专门成立了技术研发小组,国家气象中心主任端义宏首先提出多部门联合开发的思路,采取多部门分工合作的方式,各单位抽调精兵强将全力以赴,使得项目在短时间内攻克成功。研发期间,中心副主任曲晓波提出对研究产品的应用与检验要求,保证了在较短的时间内完成产品开发任务,研制开发了包括低云云高、能见度、气温、降水、相对湿度、地面风等客观预报产品与其他技术支持产品近 50 种,并特别制作了"中央气象台国庆预报产品显示平台",为国庆活动和国庆演练的气象预报服务提供了重要的技术支撑。

……

天气预报室在一个月内,先后组织了 40 多次天气会商,完成各种预报服务材料 60 余份,开发客观产品近 50 种。同时,派出首席预报员多次参加其他单位天气会商。首席预报员乔林作为"新中国成立 60 周年国庆首都阅兵联合气象保障专家"先后 10 次参加北京军区组织的天气会商;林建参加空军气象中心组织的"军地国庆期间天气会商";杨贵名、王秀文参加"中国气象局新闻发布会"。自 9 月 1 日开始每日加密探空两次,9 月 5 日正式为国庆演练服务;对自动站小时降水进行了质量控制,生成小时降水资料,为预报员监视天气提供了可靠保证。预报员充分利用加密观测资料,对天气进行及时准确的跟踪监视、细致的分析以及模式的检验修订。[12]

链接二:璀璨背后的守望

对于上海世博会开幕式的气象服务,中国气象局局长郑国光说:气象部门为开幕式的成功举办做出了积极的贡献,付出了辛勤的劳动。特别是在开幕式举行期间,气象部门对风向、风速、温度以及能见度的准确预报,为上海世博会开幕式气象保障服务送上了一份满意的答卷。

4 月 30 日上半夜为多云天气,气温 16～21 ℃。东南风 2～3 级,能见度 6～10 千米,综合气象条件有利于开幕式顺利进行。虽然一切尽在意料之中,但是整个上海市气象局却没有一个人敢掉以轻心。30 日 4 时 30 分,世博会开幕式气象保障拉开帷幕。

4 月 30 日 9 时 30 分,上海世博气象服务专题会商如期举行。上海、江苏、安徽、浙江气象部门与国家气象中心、国家卫星气象中心、中国气象科学研究院等单位的气象专家一起对开幕式的天气进行"会诊"。4 月 28 日,为重点保障青浦雷达正常有效运行,中国气象局气象探测中心的有关技术专家赶赴青浦雷达站实施 24 小时值守,全程保障开幕式青浦雷达正常运行。

除了气象精英齐聚上海外,气象卫星、移动风廓线仪等设备也闪亮助阵。4 月 23 日,风云二号 D,E 双星提前启动加密观测,把每 30 分钟观测一次加密为 15 分钟观测一次。[13]

（三）为提高居民生活品质服务

人类的生活品质同气象条件有着密不可分的联系，因为气象是人类生存和发展重要的自然环境之一。

生活实践表明，人们依据气象条件选择生活方式，维护身体健康，开展各类各项休闲旅游活动，增进社会福利，这样自然能提高其生活品质。为此，气象部门必然会提供相应的气象服务。

在进入 21 世纪后，我国气象部门为提高居民生活品质的服务开始蓬勃发展起来。就其服务品种而言，各省市虽有差异，但皆有长足的发展。

以北京市 2007 年为例，提高居民生活质量的三类服务具体是：(1)依据气象条件选择生活方式的气象服务有：穿衣指数、晒衣指数、空调开机指数、晒太阳指数、洗车指数、空气舒适度指数、室外环境与生活提示等。(2)维护身体健康的气象服务有：消化道疾病指数、心脑血管疾病指数、呼吸道疾病指数、风寒指数、晨练指数、感冒气象指数、中暑气象指数等。(3)指导旅游休闲的气象服务高达 16 项之多，如登山指数、冬泳指数、春游踏青指数、红叶观赏指数、夏季秋季出行指数，以及各种有关旅游的天气预报等。

美国心理学家和行为学家马斯洛认为：人类的需要具有层次性。就层次而言，我们以为，提高生活品质的需要比满足生存需要的层次更为高级，如穿衣，其满足生存的需要仅仅是保暖，而满足生活品质的需要，则除了保暖之外，还需要舒适、具有审美功能，让衣着同天气与气候条件相匹配。

　　今天,我国社会已经逐步步入小康,提高生活品质的需要正成为大众的需要,且已成为衡量社会福利水平的重要标志之一。不难预见,提高居民生活品质的气象服务将会得以继续发展,并步入规范化、常态化的轨道。

第四章　气象服务的公共性

一、经济学中的公共产品

(一)公共产品的概念

早在 1954 年,公共产品的概念就被荣获诺贝尔经济学奖的美国经济学家萨缪尔森第一次提出。在这之后,在《经济学》一书中,他将公共产品定义为"是指那种不论个人是否愿意购买,都能使整个社会每一成员获益的产品[4]268"。

今天,公共产品的概念已为国内外经济学界普遍接受,且已构成公共部门经济学的基本范畴之一。

(二)公共产品的特征

与私人物品正相反,公共产品具有非排他性和非竞争性的特征。

1. 非排他性

私人物品具有排他性。私人物品的排他性表现为该物品为愿意且又有支付能力的购买者所有,而不愿意购买者或没有支付能力购买的人，则被排除在该物品及其所带来的收益之外[14]。例如，商品或商业性的服务。在实际的经济生活中，一旦商品或商业性服务被购买者购买，其效用就为购买者所拥有了，而未购买者则既不能占有它，又不能享用它。与之相反，公共物品却具有非排他性。

非排他性的含义是指：公共产品只要存在，人人皆可从中获益[14]。这里有两层意思：（1）一旦公共产品存在，则无有效手段将他人排除在产品的使用和收益之外；（2）在公共产品发生作用的范围内，任何人均不可能被排除在外而均能享用。这就是说，产品对其发生作用范围内的任何人皆具有非拒绝性。

2. 非竞争性

非竞争性是指公共产品的消费不存在竞争状态。换言之，公共产品一旦存在，人人均可消费。用经济学的语言来说，即是"当增加一个人消费某产品的边际成本为零时，这种产品就可以在消费上是非竞争的[15]29"。这也就是说，消费公共产品是不需付费的。显然，不需付费的产品或服务则不具有竞争性。

（三）公共产品的类型

公共产品按其是否完全具有排他性，分为纯公共产品与准公共产品两种类型。完全不具有排他性的公共产品称之为纯公共产品，或简称公共产品；具有一定程度的排他性的公共产品，称之为准公共产品。

诚如坎贝尔·麦克康耐尔等经济学家在他们的《经济

学》中所说,"排他性原则的应用,使私人物品与公共物品分离开来,由政府提供后者,但许多其他由政府提供的物品和劳务也具有排他性,这类被称作准公共产品的物品包括教育、街道和高速公路等。[15]107"

(四)公共产品的供给

公共产品的非排他性和非竞争性的特征,决定着追求产品或服务利润最大化的生产者不会具有供给公共产品的动机。这也就是说,在公共产品领域,市场既无法有效地配置资源,又无法生产和提供出这类产品。由此,市场在公共产品(含准公共产品)领域内是失灵的。经济学认为,市场失灵的地方,应由公共权力即政府来配置资源;公共产品的供给应是政府重要的经济职能之一。

在实现政府供给公共产品的职能的过程中,一般存在着两种途径:一是直接由政府组织公共部门供给;二是政府与私人企业签约,由私人企业供给,但其生产资金却源于政府的强制性收入,并通过公共财政向私人企业提供。

二、气象服务中的公共产品

(一)气象公共产品的含义

气象公共产品是气象服务中的公共产品的简称,它是指既具有排他性、不可拒绝性,又具有消费上的非竞争性的气象服务产品。

以天气和气候预报产品为例,预报一旦制作出并通过一定的载体(纸质载体和电子载体)发布后,预报区域内的居民、企业、机关、团体等一切群体均皆能免费获得其预报,享受预报所带来的效用和收益。即使预报区域内有个人或群体不愿意应用气象预报服务,但却也不能拒绝它。因为,人们总是生活在预报地域的气象环境之中,若要拒绝,则只能离开该预报地域。

同时,天气和气候预报服务的消费是非竞争性的消费。这是因为,消费者在使用或消费气象服务时并没有付费分文。用经济学术语说,消费气象服务的边际成本为零。例如,中央电视台每日发布的即时天气预报或天气变化趋势预测,只要人们打开电视机便可收看,无需征得何人同意,更谈不上付费。

(二)气象公共产品的外延

气象公共产品的外延涵盖了公共气象服务、决策气象服务和气候资源开发利用服务等各类产品,专业气象预报业务和人工影响天气服务中的大部分产品,也是气象公共产品。具体地说,例如向社会公众发布的预报类产品、为中央、省、市、县各级政府的决策服务类产品、为社会活动提供气象保证的各类产品、为提高社会福利的各种气象指数等,均为公共产品。

要指出的是,决策服务在公共产品中占有重要的比例。以 2007 年中央气象部门所提供的决策服务为例,气象部门向中央政府所提供的决策服务信息共 772 期,其中重大气象信息专报 201 期,灾害天气快报 155 期,其他气象信息服务(专函文件)410 期;向省级、地(市)级、县级政府所提供

的决策服务信息分别为 20883 期、86962 期、216810 期。气
象部门将如此数量巨大的决策服务提供给了从中央政府到
地方的各级政府,这从表面来看,它们是向政府所提供的服
务,似乎具有排他性和竞争性,但是,就其实质而言,由于政
府是公共权力的代表,因而决策服务的受益范围却涵盖着
政府辖区内的一切群体和居民,显然,受惠的是社会公众以
及在这一区域内从事政治经济文化活动的各个组织;同时,
对于受益者而言,其边际成本依然为零。可见,决策服务仍
然是隶属于公共产品中的一种主要类型。

还须指出的是,在全部气象服务之中,人工影响天气和
各类专业气象服务,这两大项亦被包含在公共产品之中。
只是在特殊之时,即只有当其中的服务对象是特定之时,它
们才会被划入准公共产品之列。

(三)气象服务成为公共产品的经济原因

气象服务是气象服务的劳动者所提供的、关于天气和
气候状态的有用性的信息服务。气象服务之所以会成为公
共产品,主要是源于市场失灵,而市场失灵又来自于多方面
的具体的经济原因。

1. 气象服务的溢出效应

经济学认为,溢出效应亦称外在性。它是一种特定的
经济现象,是指产品或服务的某些成本或收益,既不被直接
购买方承担或享有,又不被生产方承担或享有,而是被第三
方承担或享有。还有,溢出成本和溢出收益是溢出效应的
两个不同侧面。前者是指第三方负担成本或部分成本,后

者是由第三方占有收益或占有部分收益。

纵观具有溢出效应的产品或服务,其中的气象服务即是一种典型的溢出效应的服务。这是因为,气象服务是对一定地区的天气和气候状态所提出的信息服务;自然,其信息服务的效用会涵盖一定地区的全部群体和居民。这样,气象服务的效用不仅不会被购买者所独占,而且其边际效用还会随着该地区内的同一气象服务被使用数量的增加而递增。

从上述可见,气象服务的溢出效应决定着任何追求利润最大化的企业主(或私人投资者)不愿意也不可能提供出气象服务;作为公共产品的气象服务只能由公共部门提供出服务。

2. 气象服务的生产过程的"三高"特点

气象服务的生产过程具有高智力、劳动手段的高科技性以及高投入的特点。

(1)高智力

在一定时期内,劳动的复杂程度由劳动者的体力和智力的使用程度来判断和确定。马克思说:"人类劳动力本身为了要在这种或那种形式上支出,没有某种程度的发展是不行的。"虽然气象劳动者也有生理学意义上的劳动力的支出,但是,他们更需要智力的发展。这是因为,气象服务的劳动是一种复杂的思维活动,是一种经过认识、分析、综合、概括大气现象而找出大气变化内在必然性的活动,是一种复杂的高智力的劳动支出。

具体说来,人们可以从气象服务部门正式职工的文化构成这个侧面上,看到气象服务的高智力的特点。以 2007

年为例,这一年,除高中及以下学历占正式职工总数的11.5%外,中专学历者占 18.57%,大学专科学历者占 32.45%,大学本科学历者占 33.05%,硕士占 3.54%,博士占 0.85%。

(2)劳动手段的高科技性

马克思说:"划分经济时期的事情,不是生产什么,而是怎样生产,用什么劳动手段生产。劳动手段不仅是劳动力发展的分尺度,并且也是劳动所在的关系的指示器。"

《周礼·司巫》说:"若国大旱,则帅巫而舞雩";《春秋公羊传》中记载:"旱则君亲之南郊,以六事谢过自责"。应该看到,尽管巫和君不能被称之曰劳动手段,但却反映了在劳动生产力极其低下的周代,人们在用最权威的方式(皇帝和巫师的祈愿)来认识天气现象。进入西汉之后,西汉的候风铜乌、乾隆的测雨台成为观风测雨的劳动手段,而它们正代表着当时科技生产力的最高水平。

在当代,无论是发达国家还是在我国,气象观测所使用的手段都代表着当代生产力发展的最高水平,如电子计算机、气象卫星等。在我国,1991 年初,我国天气预报研究达到了国际先进水平;1991 年 3 月,国家又首次建成中期数值天气预报业务系统,步入了世界上少数拥有中期数值天气预报国家的行列。

可见,气象服务不同于一般行业,它的劳动手段的状态,一般可以反映出一定经济时期内劳动生产力的最高水平和发展趋势。

(3)高投入

马克思认为,一定量的货币才能转化为生产资本,而这个一定量则需随生产的性质和规模而定。气象劳动者的高智力性与劳动手段的先进性,决定着气象服务的"生产"需要巨额资金,用来购买先进的探测大气物理、大气化学、大气运动的专用设备等劳动手段,需要付出具有专业水平的劳动者的劳动成本。一句话,需要高投入。

气象服务"生产"活动的"三高",即高智力、高科技性与高投入,犹如一道藩篱,隔离开了众多的私人投资者,从而使之成为只有掌握公共权力的政府才能组织公共事业部门进行其生产,才能为人民的福祉投入其丰腴的资源。尽管自 20 世纪 80 年代以来,国外的气象服务出现了私有化的倾向,但这只是表面现象,客观而科学地分析所谓气象服务私有化,不外乎是由政府投入资源,私人企业组织"生产"而已。从经济学的视区内,应该说,气象服务的私有化"此路不通"!

3. 气象服务的低回报

气象服务的低回报是相对于气象服务的"生产"过程所存在着的"三高"而言的。作为公共服务的气象服务行业的特殊性,要想得到相对于高投入的高回报则是不可能的,这是由气象服务的溢出效应决定的。所以,众多的私人投资者对气象服务行业只能是望而却步。

4. 气象服务行业风险高

气象服务的实践还表明,气象信息的不确定性是客观存在的,其错报和漏报在所难免。时至今日,100％准确的气象预报率还仅仅是一个理论值。这样,在私人企业家看来,气象服务不仅投入大、回报低,而且还是一个风险高的行业。

从上述可见,面对低回报,风险高及市场失灵的气象服务,只有由政府出面给予财政拨款,才能提供出足够的"生产"和运作资金,最终才能向社会提供天气与气候服务。

三、气象服务中的准公共产品

气象服务中的准公共产品是指由气象部门所提供的,具有一定排他性的信息服务。这类服务分布在专业气象服务和人工影响天气两大类的气象服务之中。

(一)准公共产品的界定

在判断某一公共产品是否是准公共产品时,经济学提出了两个限定条件:(1)产品是由政府组织供给。例如,承担义务教育的高校、高速公路的修筑等。(2)产品服务的对象是一定的或特定的。例如,一定地区承担义务教育的学校,服务于一定地区的适龄学生;高速公路服务于在高速公路上行驶的车辆。

经济学认为,为避免消费准公共产品时所产生的"搭便车"和拥挤现象,有的准公共产品需要付费使用,例如,车辆在高速公路上行驶,需缴过路费。

依据上述关于准公共产品的两个限定条件,人们自然可以顺理成章地找出气象服务中的准公共产品,这就是气象部门向一定的或特定的对象所提供的专业气象服务或人工影响天气服务。

在实际的社会经济生活中,气象服务中的准公共产品不胜枚举。例如,2007 年四川气象部门所提供的樱桃节的天气预报;又如,2007 年内蒙古气象部门提供给琳琅山风景区的专项预报、提供给呼和浩特市内的铁路局的专项预报、提供给沈阳市内的铁路局的专项预报,以及提供给中铁二十三局项目建设的气象资料专项服务……;再如,各省、市、县气象服务部门向一定或特定用户所提供的增雨、防雹等人工影响天气的服务。

应该承认,所有这些准公共产品皆是作为公共事业部门的气象业务部门所提供的服务。在实际的经济生活中,这些服务的对象要么是一定的,要么是特殊的,且其中有的服务还需要收费。2007 年,湖南省人工影响天气办公室在向湖南拓溪水力发电厂提供出的人工增雨服务,即是一例。在双方签订的《2007 年拓溪水库人工增雨科学试验协议书》中规定,拓溪水力发电公司负担 45 万元经费,湖南省人工影响天气办公室则承担 29 万元的经费。

(二)准公共产品的溢出效应

同公共产品一样,气象服务中的准公共产品仍然是具有溢出效应的服务。这是因为:

虽然服务的对象是一定的或特定的,但同其他一切气象服务一样,服务的作用仍然覆盖着服务对象所在的整个区域,对其区域内的居民及其他机构均皆会产生效用。

事实正是如此。增雨作业不仅对服务对象的生产有作用,而且对增雨范围内的其他居民也会同样发生作用;同样,2007 年的四川气象部门所提供的樱桃节的气象预报,不仅对举办樱桃节的单位有作用,而且对樱桃节所在地区的居民和其他机构亦同样有作用。

准公共产品的效用仍然是一种边际效用递增的溢出效用。

(三)准公共产品的收费

气象服务中,准公共产品(服务)怎样收费?为何收费?这在经济学上就是产品(服务)价格如何确定的问题。

无疑,在市场经济条件下,产品或服务的价格由供求双方共同确定。对此,经济学称之为均衡价格。由于准公共产品(服务)是面对一定对象的服务,所以,这一均衡价格是供方和买方之间一方愿买、一方愿卖的价格,是双方在讨价还价的过程中所形成的价格,是供需双方皆乐意接受的价格。

按照马克思主义经济学的观点,市场均衡价格以生产价格为基础,即以供方的成本价格加平均利润为基础。今天,在这里,准公共气象产品(服务)的均衡价格是否仍然以成本价格加社会平均利润为基础,我们认为,答案应该是否定的。

这是因为,准公共产品(服务)存在着溢出效应,付费者并不能够完全占有服务的效用效应,其收费自然也就不能包含由社会平均利润率所决定的平均利润,同时,其生产成本也不能由服务对象来完全承担。

这就是说,公共气象产品(服务)的收费一般应小于成本,个别的可按成本收费。用数学公式表示如下:

$$P = aK$$

式中，P 表示准公共产品（服务）的价格，K 表示生产某种气象产品（服务）的生产成本，a 表示成本系数。

成本系数 a 表示准公共产品（服务）的溢出效应的程度，溢出效应的程度愈大，a 的取值愈小；溢出效应的程度愈小，a 的取值愈大（最大值为 1），溢出效应的程度与 a 的取值成反比。

需要强调指出的是，若准公共产品（服务）的收费低于生产成本，其再生产将不能继续下去；但是，为确保气象服务部门能源源不断地提供出准公共产品（服务），无疑，其不足的部分则应由公共财政予以补给；其补足额，应以满足扩大的准公共产品（服务）的生产为准。

第五章　气象服务的信息性

一、气象信息

(一)信息

关于信息,尽管理论界目前尚无统一定义。但人们看到,信息论的创立者维纳指出:"信息是人们在适应客观世界并使这种适应反作用于客观世界进行交换的内容的名称"。英国学者沃尔帕特则认为:"广义而言,信息是一种经验或感触,它加给事件、生活或经历以新意或某种变化。"

撇开信息定义的差异,从外延的角度上认识信息,"信息"是指反映事物的消息、情报、指令或信号、数据和资料等。

关于信息的特征,乌家培先生在他的《信息与经济》一书中做了综合性的表述。他指出,信息具有客观性、普遍性、无限性、动态性、依附性、计量性、变换性、传递性、系统性和转化性等十大特性;同时,乌家培先生还认为,信息具有提供认识的依据、作为实践的指南、实现有序的保证、开辟资源的条件和激发智慧的源泉等五方面的作用。

（二）气象信息的经济特征

气象信息是气象服务部门提供的关于大气状态的科技信息。它是指关于天气状态与气候状态及其趋势的消息、情报、数据和资料，如各种气象预报、气象指数、气候资源开发利用的方案等。

气象服务就是向社会提供气象信息。这是因为，在全部的气象服务之中，除了人工影响天气的服务之外，所有的服务皆是提供天气信息和气候信息的服务，虽然人工影响天气的服务内容涉及不到天气和气候的信息，但是，它服务的前提却是必须依赖于天气信息和气候信息。

一般而言，气象信息具有时效性、扩充性、浓缩性、传播性和分享性等经济特征。

1. 时效性

时效性有两层含义：一是气象信息内容的时效性；二是气象信息传递的时效性。因为，一定的气象服务信息在一定的时间内有效。具体地说，适时的天气预报，在一定的时点上有效；短期、中期、长期天气预报，在预报期内有效。还有，传递的时效性是由内容的时效性所决定的。具体地说，信息必须在内容生效前传递给使用者，如天气预报，它必须在预报期到达之前将所预报的全部信息传递给受众，否则预报即成为"马后炮"。

需要指出的是，对气象的生产者如气象科技工作者来说，气象信息则不受时效性的限制。因为，"气候"是用一个时期的气象要素的平均值来表示的，而天气和气候信息，正是气象科技工作者认识、探索和揭示大气变化规律的第一手资料。

2. 扩充性、浓缩性和传播性

扩充性是指气象服务产品是气象信息的不断组合和扩充。例如,天气预报是一组气象要素的组合,而气候指数则是由两个或两个以上的气候要素所组成的,表示着气候的某种特征的量。同时,信息的组合、扩充,即信息的累积还会产生乘数效应。这是因为,信息具有系统性,它是一种集合。集合的量愈大,其功能就愈强。例如,气候区划、气候环境分析,就是建立在气候信息的累积量的基础之上的。

浓缩性是指气象信息可以通过加工、整理、分类、归纳加以浓缩。事实上,气象服务产品的生产过程,即是气象信息的浓缩过程。不同气象产品的生产过程,会有不同的浓缩过程,进而也就有气象信息生产的不同的工艺过程。

传播性是指气象信息的流通需要通过一定的载体予以传递和扩散。实践证明,传播性正是气象信息充分发挥其功能的内在根据。如我国的天气预报,只有而且必须通过广播、电视、手机等传媒以实现传递和扩散,才能发挥其作用。

3. 分享性

不同于任何实物能被独占,气象信息却能被分享。此乃气象信息的又一经济特征。因为在实际生活中,当信息由一个人占有转手到另一个人占有之时,前一个人并没有因此而丧失对信息的占有。例如,每日的天气预报,它会为预报区域内的任何人所占有、所分享,而不会为区域内任何一个人或任何一个社会机构所独占。

十分明白,气象信息的分享性,决定着气象服务的非排他性和消费的非竞争性。它是气象服务成为公共产品的又一深层次的经济原因。

上述气象信息的多重性质,既相互联系,又相互依存。就气象服务部门而言,它既要保证气象信息的时效性,又要负责气象信息的搜集、浓缩、扩充和传播;气象信息的诸多性质统一于气象服务之中。

二、气象信息价值的判断

气象信息的价值是使用气象服务信息所产生出的新增财富。它包括两个方面,一是利用气象生产力所产生的财富增量,二是避免和减少气象破坏力所减少的财富损失量。在货币作为财富一般表现形式的今天,财富的增量、财富损失的被减少量均可用货币来计量。

(一)经济学关于信息价值的判断

1. 马克思的价值理论

马克思的价值理论在于揭示交换价值的本质,为其劳动价值论奠定了坚实的理论基础,并在劳动价值论的基础上构建剩余价值论,揭示出资本主义经济制度的不合理性和历史的暂时性。

概括地说,马克思的价值理论有三方面的内容:(1)价值是商品的社会属性,是个历史范畴。在商品的交换关系或交换价值中表现出来的共同东西,也就是商品的价值。(2)价值的衡量,或者说价值的量的规定性。社会必需劳动量,或生产使用价值的社会必需劳动时间,决定该使用价值的价值量。(3)决定价值量变动的因素。商品价值与实现在商品中的劳动量成正比,与这一劳动的生产力成反比地变动。

2. 信息经济学的信息价值

西方经济学从交换关系是一种永恒的存在出发,否认价值范畴,只承认交换价值或价格。信息经济学的信息价值,讨论的正是信息商品的交换价值。学者们把它称作效用价值,或简称为效用。

在西方经济学中,最早提出信息效用价值并予以定性概括和定量分析的学者是美国的肯尼斯·阿罗。阿罗认为,信息的效用价值为:"在有信息和无信息两种情况下,拥有一定的资产的决策者进行优化决策时所得到的最大期望效用之差值"。

自阿罗提出信息的效用价值后,许多学者除赞同阿罗的观点之外,同时还有所发展。我国的学者许小峰等在《气象服务效益评估理论方法与分析研究》一书中,亦遵从阿罗的信息效用价值。

（二）气象信息的价值

1. 气象信息的价值判断的"尴尬"

前已述及,气象信息是一种关于大气状态,即天气状态和气候状态的科技信息。马克思的价值理论,或者信息经济学的效用价值理论,是否适用于气象信息的价值的判断呢？科学的回答是否定的。

这是因为,众所周知,无论是马克思的价值理论,还是信息经济学的信息价值理论,均是以商品的交换关系为前提的。更为特殊的是,信息经济学还以信息商品作为其研究对象。这样,尴尬就出现了:气象信息是一种公共产品,而不是一种商品,自然,气象服务的物质形式——气象信息,就不具备商品的属性。不具备商品属性的物品何谈价值呢？然而,在当代我国的实际经济生活中,为什么有些属于气象信息的服务又要收费呢？例如,通过手机载体所发布的信息,或者针对专门用户所发布的信息,等等。不过,假若分析其收费额,人们就可以清楚地看到,其收取的费用,并非其购买的费用,并非阿罗所说的最大期望效用的差值(在有无信息的两种情况下所得到的差值),即信息经济学的效用价值。所以,若以劳动价值论来规范、判断气象信息的价值,或以信息经济学来规范、判断气象信息的价值,这显然是不严密、不准确的,也是不科学的。

既然如此,气象信息的价值及其判断或衡量又是否是一个伪命题呢？答案显然也是否定的！

为什么会是否定的？这是因为,气象信息被人们使用时或在使用后却又实实在在地创造着或创造了财富;同时,随着社会经济的发展,它在创造财富过程中的作用还会日益得到彰显。因而,到底如何界定和计量气象信息的价值就遇到了"尴尬"。为破除"尴尬",这就首先需要人们充分认识气象信息的价值实体。

2. 气象信息的价值实体

抛开气象信息的价值属性,从马克思经济学关于财富的一般出发,我们认为,气象信息的价值,或者说,气象信息的价值实体乃是使用气象服务所创造的财富。

不难理解,在货币作为衡量财富的一般标准的今天,气象服务所创造的财富可以用一定量的货币来表示。但是,必须明确,一定量的货币所表示的既不是生产气象信息的社会必要劳动量,也不是气象信息作为商品的交换价值量,而是气象信息被使用者使用所创造的、用货币量表示的财富,或者说价值,才是气象信息的价值实体。

更为重要的是,气象信息所创造的价值是一种客观实在的价值,而不是人们对气象信息的一种主观评价。因为,气象信息的价值实体既建立在人类的生产、生活与气象环境的不可分割性的基础之上,又来自于气象的经济学属性,即气象的资源性之上。换言之,即气象信息的价值实体来自于气象的自然生产力和自然破坏力的双重属性。

在经济学的视区内,气象要素作为对气象环境敏感的生产行业来说,具有生产资源的效应;能产生生产者剩余。同时,气象作为一种生产力,气象要素的被使用能提高生产量;气象作为一种破坏力,又能造成社会财产和生命的损失。这样,人类需要气象服务所提供出的气象信息,既能产生出生产者剩余,增加财富,又能够避免或克服财富存量的减少。而所有这些,都已被气象服务的全部实践所证明。

3. 气象信息价值的计量

当人们把气象信息的价值置于实际经济生活的基础之上,撇开阿罗的信息效用价值的主观性,气象信息的价值可表述为:在有无气象信息的两种情况下所实现的产值的差值,同气象所造成损失值的差值的两者之和。

若以 C 代表气象信息的价值;W 表示使用气象信息时的产值,W_1 表示未使用气象信息时的产值;P 表示使用气象信息时的损失值,P_1 表示未使用气象信息时的损失值,其函数关系为下式:

$$C = W - W_1 + P - P_1$$

设 $W - W_1 = \Delta W$。

在同一气象环境下,不同行业对气象环境的敏感程度不同。W 表示不同行业在使用气象信息条件下的生产量总和;W_1 表示不同行业在未使用气象信息的条件下其生产量的总和。因此,ΔW 的经济意义是,在同一气象环境之下,不同行业使用气象信息所增加的产值之和。

设 $P - P_1 = \Delta P$。

P 表示在同一气象环境下,不使用气象信息所产生的气象灾害的损失值。实践表明,这一损失值同气象环境作用的地区的经济发展水平、人口密度、抗自然环境的能力等因素有关。P_1 表示在同一气象环境的地区,未使用气象信息的损失值之和。ΔP 的经济意义是,在同一气象灾害环境下,使用气象信息所减少的损失值之和。

因此,上述函数关系式可变形为:

$$C = \Delta W + \Delta P$$

三、气象信息的使用

气象信息虽为社会各方面所需要,但其需要的程度各不相同,使用的主体也会有所区别。同世间任何物品的消费均有一定的方式,或者说均有一定的使用方式一样,气象信息的使用也有一定的方式,或者说会具有一定的特殊性。

(一)气象信息的使用主体

概括地说,政府、工商企业、社会机构及广大社会公众,是气象信息的主要使用主体。

1. 政府

在小小环球之上,气象环境的优劣,直接关乎一个国家的政治、经济、文化、社会生活的健康发展,关乎一个国家的稳定及其国人的福祉。例如,2010 年 5 月冰岛的火山爆发,由于大气的异常运动而波及整个欧洲,导致不少欧洲国家纷纷关闭领空。这样,在当代,对于社会政治、经济、文化、生活赋有公权力的各国各级政府而言,对大气信息的高度关注与积极使用,自然构成其自身一项不可或缺的重要职能。

自不待言,我国政府对气象信息十分关注并积极使用。因为,我国不仅是气象灾害频发的国家,而且还是农业占据重要地位的二元经济并存的国家,所以,防御和减轻气象灾害,适应和减缓气候变化,开发和利用气候资源,必然成为我国政府所关注的重大问题。换言之,积极关注并使用气象信息乃是我国政府的一项重要职能。

为防御和减轻气象灾害,我国国务院所颁布的《气象灾害防御条例》就有规定:"县级以上人民政府应当加强对气象灾害防御工作的组织、领导和协调,将气象灾害防御纳入本级国民经济和社会发展规划,所需经费纳入本级财政预算。[16]"无疑,这就从一个侧面生动地说明:政府是使用气象信息的主要主体。

2. 工商企业及机构

一切工商企业皆是社会经济生活的细胞;一切工商企业皆与气象环境密不可分。自然,一切工商企业皆是气象信息的关注者和使用者,换言之,一切工商企业皆是使用气象信息的主要主体。

经济生活表明,由于众多工商企业所处的行业不同,对气象环境的敏感程度也会不尽相同,例如,农户和农业企业比非露天作业的工业企业对气象环境会更具有敏感性,因而也就会更需要使用气象信息。因此,一切对气象环境敏感的工商企业,相对于其他工商企业而言,自然成为使用气象信息的又一重要主体。对气象环境敏感的行业类型,我们曾在论及气象服务与国民经济的关系时作过讨论,在此不再赘述。

同工商企业一样,某些对气象环境敏感的社会机构亦是气象信息的主要使用者。以教育机构为例,2010 年 3 月,在全国"两会"上,代表与委员们呼吁:"频发的极端气象灾害敲响了人类应对气候变化的警钟。应将对气候变化的知识纳入中小学校和高校有关课程和课外教育内容,刻不容缓。[17]"这一呼吁已为国务院所接受,并在其颁布的灾害防御条例中规定:"学校应当把气象灾害防御知识纳入有关课程和课外教育内容,培养和提高学生的气象灾害防范意识和自救能力。"可见,教育机构及其他对气象环境敏感的机构也是气象信息的主要使用主体。

3. 社会公众

气象环境与公众的生活和健康息息相关。一般地说,春天骤冷,易致感冒;夏天骤热,易致中暑。而"天气的晴朗令人心舒,天气的阴晦令人心闷",说明天气的好坏甚至会影响人们的情绪。

俗话说,"出门看天色"。看天色,即是认识天气状况及其变动趋势。这是每个人早在孩童时代就从父母那里了解到的道理。生活证明,各种有关社会公众生活的气象指数,如穿衣指数、风寒指数、感冒指数、空气质量指数、紫外线指数、舒适度指数、行车指数、节假日气象指数等,已源源不断地进入我国老百姓的生活之中,并为人们津津乐道。无疑,这也就清楚地表明,社会公众也是气象信息重要的使用主体。

相关链接一:两会气象服务突显人性化

2010年春的北京,在中国人民代表大会和中国人们政治协商会议等两会召开期间,每日下午,中央气象台均向两会会务机构报送气象预报专报,内容包括北京天气实况、天气趋势预报等。[18]

相关链接二:北京开展公众对气象科学知识和信息认知需求调查

在北京开展公众对气象信息需求的调查中,有公务员、学生、农民、企事业单位人员,共计 5006 个调查样本,数据显示:认为气象科学知识和预报服务信息能给人们的生活带来帮助者,占被调查访问者的 93.7%之多。[19]

(二)使用气象信息的特殊性

了解掌握气象信息和使用气象信息是两个不同的过程与层次。前者是一个认知、把握的过程,后者是把认知转化为使用、行动的过程。相比较而言,使用气象信息不同于掌握气象信息,因为它既是一个更高的层次、一个逻辑递进的层次,又是一个实践的层次。

同任何物品的消费或者说使用都有其特定的使用形式一样,气象信息的使用也有其特定的形式,或者说具有特殊性,即使用规模的骤变性、使用的再投入性和使用的风险性等三方面。

1. 使用规模的骤变性

"天有不测风云",气候的变化有"不及"与"太过"。气象环境变化的这一突变性的特点,乃是形成使用规模骤变性的原因。例如,当天气突变或在气候反常之时,坐在电视机或收音机面前收视、收听天气预报的人们会随之增多,对气象信息使用的需求即会随之增大。实践反复证明,对气象信息的使用强度和使用量(气象信息的品种)将会随着大气环境的突发性的增强而增加。

2. 使用的再投入性

经济学认为,物质产品的消费是产品的物质形式的消费,消费行为的完成是物质客体的不复存在。如劳动条件的消费,机器会成为一堆废铁;如在人的生存消费中,食物进入口腔即会被分解。

然而,气象信息的使用不是其物质形态的转化和消灭,而是通过对信息的认知和消化,使用者对自身的行为进行及时的调整。例如,天气预报说,今天 9 时有雷阵雨。这样,准备出行的气象信息的使用者,要么就不会出行,要么就会带雨具出行,要么就会在 9 点前找到一个避风避雨的场所。这就是说,气象信息的使用者会以信息为依据,适时选择出相应的行为。

实践证明,气象信息的使用者的行为变化本身,通常需要投入一定的人力、物力和财力,即需要投入使用成本;若没有相应的一定的使用成本的投入(如在暴雨的预报后,出门时没有雨具的投入),信息的功能则不能得以发挥。事实上,使用的再投入性,不仅是使用气象信息的前提,而且还是气象信息得以发挥功能的前提。

3. 使用的风险性

通常,引起大气环境变化的因素异常复杂。在现阶段,人们的大气科学水平、认识手段、认识方法以及认识程序,还不能完全探究出大气环境变化的奥秘、揭示其内在联系、掌握其变化规律。这样,气象信息的准确性、真实性与及时性就还不能完全突显出来。例如,在全国地面气象观测(人工)业务质量的统计中,2006 年的错情率为 0.07‰,2007 年错情率为 0.06‰,2008 年错情率为 0.05‰。我们看到,虽然错情率在逐年呈现出下降趋势,但是,还不可能完全为零。所以,气象信息还存在着一定程度的不确定性,从而自然会带来一定程度的无效使用,或者说,带来一定程度的使用的风险性。

　　还有,进入 20 世纪特别是 50 年代后,人类对大气环境的控制尽管愈来愈科学化,但是,其控制能力、控制效果仍会带有一定的不确定性;有关在气象信息的基础上所开展的人工影响气象环境的产品,如人工降雨、增雨、防雷等,皆会带有一定的使用的不确定性和风险性。

第六章　我国直观经验的
气象服务阶段的特点

一、我国直观经验的气象服务阶段

从马克思主义的政治经济学出发,以马克思主义的生产三要素为标准,我国气象服务的历史,可以划分为三大气象服务阶段,即直观经验的气象服务阶段,建立在科技基础上的气象服务阶段,以及建立在现代科技基础上的气象服务阶段。

我国气象服务的直观经验服务阶段,始于我国山顶洞人的出现,止于1912年中央气象台的建立,长达近两万年。温克刚主编的《中国气象史》的观点是:山顶洞人已经有了朴素而直观的气象意识,已有了"风雨、阴阳、寒热"等概念,所以应该以此为起点;以1912年中华民国中央气象台建立为终点,源于它是我国中央政府建立的,是立足于气象的科学认识和现代观察手段和设备的第一个较为完备的现代气象台。

二、时间跨度长

从山顶洞人出现,到中华民国 1912 年中央气象台建立,在这段漫长的历史阶段中,我国的气象服务的生产一直停留在直观经验的基础上。具体地说,它有两个方面。

第一,在这个历史阶段中,人们对天气和气候状态的认识仅停留于感性认识,即没有深入到从大气环境内部物理的、化学的变化过程上去揭示天气状态、气候状态内在的变化机制,而局限于对天气状态和气候状态的感性描述上。比如《周记·十晖》中,对雾、雨、烟尘等天气现象用"瞢"来描述,它的意思是"目不明",是一种视觉效果的概括;比如,《月气》中对气候与物候关系的记载是,"孟春之月,东风解冻;仲春之月,始雨水;仲夏之月,小暑至;季夏之月,温风至;孟秋之月,凉风至;至冬之月,水始冰;仲冬之月,冰亦壮"等感性概括;同时,关于一年四季的大气降水、风和温度变化的描述,亦是一种直观的视觉和触觉感知的知识的记载。

第二,在这个的历史阶段中,人们对于气象及其状态的变化趋势的判断,即气象预报,在整体上仅停留于经验基础上的判断。具体地说,是在以自然界的物象(动物、植物的行为、色彩、声音、位置状态等现象)变化,来预测天气变化趋势。简言之,是以物予候。比如《逸周书·时训解》上就记载了一年内气候变化的 72 候,说:"丙水之日,桃始毕"(桃花凋谢了,降水时节就要来临);"小寒之日,雁北向"(大雁迁徙,寒冷的时节即将开始)。又如,《诗经·郑风》提出："风雨凄凄,鸡鸣喈喈;风雨潇潇,鸡鸣胶胶;风雨如晦,鸡鸣不已",即通过鸡的不同叫声,来预示风雨的不同等级。

马克思主义哲学认为,感性认识是理性认识的第一阶段。由于感性认识既是直观的,又是理性认识的素材,因而直观的认识有其真实性和合理性。马克思主义哲学还认为,事物之间是相互联系、相互制约的。人们把天气状态和自然物的变化联系起来,通过自然物的变化来判断天气的变化,即具有一定的科学性和合理性。所以,应当说,对于天气状态及其变化的直观的经验判断,在一定程度上是有用的、准确的。正因如此,在当代,在民间,通过自然物的变化来预报天气仍然在被人们广泛地应用。

三、社会高度重视

在中国历史的视区内,直观经验服务阶段,虽然跨越了原始氏族社会、奴隶社会和封建社会等三大历史时期,但是,从整个社会生产的总体上考察,社会却一直处于同气象条件直接相关的以第一产业为主的发展阶段上,加之我国是旱灾、水灾、风灾等气象灾害的频发地区,这就决定着气象状态的好坏,通俗地说,是否风调雨顺将直接关系着政权的稳定和民生的疾苦。正因如此,不仅庶民百姓很看重气象,而且最高统治者"天子"也很重视气象,即全社会都高度重视气象。这集中体现在:气象服务成为国家政权的重要职能之一。

第一,观测气象成为中央政府的常制。自我国国家政权出现以来,便已建立了国定的观测天象(即观测天文现象和大气现象的总称)的天象台。例如,夏商时代的世室、重屋、四单,秦汉时代的章宫、灵台、缇室,唐代司的天台;为了强化气象的观测,从东晋起还在宫庭内成立了由皇室直接掌控的既观测气象,又对国家观象台工作进行监督的内观象台(宋称禁台),等等。值得一提的是,从世界的视角考察,在元代,我国的观象台就拥有当时世界上最强的天文气象队伍,仪器也领先于当时世界上其他国家[20]174;在明代,南京的国家观象台即钦元山观象台,拥有当时世界最先进的设备[20]175。

第二,建立常设的国家职能部门,专司天象观察。据《中国气象史》记载:周代职司与气象有关的官府和人员是很多的,如政府中的六位上卿,都要参与其事[20]68。汉代由太史令具体负责气象工作,由明堂令,灵台令各 1 人具体管理,在灵台的待诏的 42 人中"有二人侯日,三人侯风,十二人侯气"等十五名专职气象人员[20]141。唐肃宗时,天文气象官员从三品到九品有 60 人,技术人员 726 人[20]174。

第三,气象信息的搜集制度化。殷代连续十日的短期天气预报及其验证(贞旬和验证),以年为期的卜年、占岁的长期预报便已制度化[20]195,如在现存的殷墟卜辞中便有关于殷王连续十日占卜天气的天气预报及其验证的卜辞,学者们称为贞旬和验辞。这一卜辞及验辞说:"癸亥卜,贞旬。乙丑,夕雨,三夕。丁卯,明雨。戊辰,小采丰雨。已巳,明启。壬申,大风自北。[20]195" 又如在官修国史、官修地方志中也包含着丰富的天气、气候状态的记载,其中关于灾害的记载在《史记》《汉书》中的"五行""灾异志"中,此后的国史、官修地方制中,也都沿袭这一体制把气象灾害作为其固定的内容。

由于天气和气候信息,事关皇权的稳定,因而常被历代皇帝所垄断。然而,天气和气候状态又事关老百姓的生产和生活,必然亦同样受到老百姓乃至民间文人墨客的重视。这集中地体现在"以物予候"的气象预报在我国有了长足而广泛的发展上,促使以气象谚语为主要内容的物候学成为我国文化史上的一朵奇葩,而文人墨客学者们关于气象灾害的记载,则成为了解、认识和研究我国气候变迁的客观而重要的史料。例如《夏小正》《诗经》《月令》《时训》中关于大气现象的描述即有许多气象谚语。又如,在民间地方志以及文人们的著作中,也有对气象及气象灾害的描述和记载。以宋代的郑瑶、方仁荣的《量定严州续志》为例,在这一地方志中,即有记载:"嘉熙四年(1240 年)夏秋大旱,明年春,民采橡,蕨,救死不给,路殍相枕藉",旱灾给老百姓生活、生命带来的灾难性打击。再如,宋代诗人陆游曾描述岭南飓风形成和变化:"岭表有瘴母,初起圜黑,久渐广,谓之飓母",等等。

四、观测仪器简单且变化不大

气象服务除了要对大气现象,诸如大气中的冷、热、干、湿、云、雨、雪、霜、雾、雷、电、光等做出定性的描述外,还要对云量、能见度、气压、气温、湿度、降水量、风向、风力、日照辐射等气象要素做出定量的描述。不言而喻,要做出定性、定量描述,就需要有一定的精确的仪器去搜集、记录大气现象的相关数据,但是,这在我国漫长的经验服务阶段里,仪器不仅简单、粗糙而且一直变化不大,显然难以做出定量的观察和记录。

1. 测风仪器

据《中国气象史》,约从汉代开始,中国的测风工具已有三种类型:一类是倪、候风统、五两、八两和旗类,一类是铜凤凰、铁鸾,一类是铜乌、相风木乌。其中第一类是最原始的测风器,传说起于远古,被广泛运用于民间及军事活动中;第二类和第三类都是乌形的测风器,即相风乌,只是因制作材料的不同而划分。在 1971 年出土的河北安平县逯家庄东汉墓上绘有相风乌图形;山西浑源县北岳恒山北麓的国觉寺铃鸾风塔上有铁鸾凤实物。相风乌中的铜乌是古代中国国家观象台必备的测风器,有的史料认为自秦代的国家观象台就已经有相风铜乌,汉代国家观象台(清台、灵台)一直沿袭使用。一般认为,相风铜乌为汉代张衡所造。汉代除灵台有铜乌而外,汉武帝所建的建章宫的风阙、圆阙和凤凰阙均设置铜凤凰测风。

我国相风乌的出现早于欧洲 1000 多年(12 世纪欧洲始有名为"圣彼得候风鸡"的相风乌出现),这一仪器能测试风向、风力,判别出风速大小,但不能准确地予以计量。科学家认为,科学的认识在于对事物做出定量的分析。在这个意义上,相风乌虽具有辨别风向风力风速的功能,但还不是严格科学意义上的科学仪器。从世界气象仪器发展的角度考察,1644 年,在英国人虎克发明的风压器后,测风才算是真正建立在科学仪器的基础上。

2. 测雨器

中国历代王朝普遍重视雨（雪）情的搜集且对其建档。从秦汉起，晴雨网的建立就遍及了全国，但在之后的1000多年里并无太大的改进，也难坚持。"工欲善其事，必先利其器"，任何工作都需要一定的工具的支撑，否则工作必然难以为继，气象观察也必须有一定的劳动工具，即有一定的仪器设备去搜集气象信息。如若要使雨情记录具有科学性，就要搜集雨（雪）情，这就需要有雨量器。

在漫长的直观经验服务阶段，我国的雨量器形制复杂，缺乏统一。其时的雨量器按南宋数学家秦九韶的记载：量雨的容器有"天池"（盆）、"圆罂"（桶），量雪容器有"峻积""竹器"，且各种容器又无统一的规格、形式各异。这就给雨量和雪量的计算和统计带来巨大的困难。秦九韶在其所著《数书九章》中的"天地测雨"中，就曾经感叹："但知以盆中之水为得雨之数，不知器形不同，则受雨多少亦异，未可以所测便为得雨之数。"因此，这种雨量器仍然属于初创的粗糙的计量仪器。

3. 湿度计

空气和土壤干、湿程度直接关系着农业物的生长。土壤和空气的干湿测量，则成为农耕社会必需的气象学服务工作。

湿度计最早出现于西汉时期。它是一种天平式的湿度计，在天平的一端放上土、铁或羽，另一端放上炭。由于炭的吸水性强，空气若潮湿，炭比土、铁、羽吸收的水汽多，重量增加的速度比土、铁、羽快,这样,天平炭端会向下倾斜;反之,湿度低、干燥,炭则变轻,天平的另一端则会向下倾斜。

除天平湿度计外,在缇室中曾用十二律管,及六十律管作为湿度计,但它们皆并非精确的气象仪器。

五、朴素辩证的气象观

所谓朴素辩证的气象观,是指在直观感知经验的前提下,在气象与其他事物的外部联系的基础上,人们去认识和把握气象变化的规律。在直观服务阶段所出现的关于我国年气候变化、天气状态的描述和概括,以及关于气象与生产及健康的关系的论断,皆具有朴素辩证的特点。

1. 年气候变化规律

年气候变化的规律的认识,一是年二十四节气的划分,二是年、节气的常规与变化划分。

(1)年二十四节气的划分

关于我国年气候变化规律的认识,即二十四节气的划分及其气象特征,在"传说"时代便已萌芽,在春秋战国时期得到发展并趋于完备,在《周易》和《夏小正》中,皆有系统的表述,如《周易》将我国年气候变化表述为四时、八节、十二月、二十四节气、三十六旬、七十二候;在《夏小正》中,年四时表述为:岁有春、夏、秋、冬,并提出了二十四节气中的"中气"概念,如春三月中气为惊蛰、春分、清明等。经过数千年漫长的发展,在东汉的《淮南子》中定型:"日冬至,到北斗中绳……十五日为一节,以生二十四时之变",并按其顺序及气象特征,依次命名为小寒、大寒、立春、雨水、惊蛰、春分、清明、谷雨、立夏、小满、芒种、夏至、小暑、大暑、立秋、处暑、白露、秋分、寒露、霜降、立冬、小雪、大雪、冬至。

(2)年际内气候变化的常态与变态

朴素辩证的气象观,还把年际内的二十四节气的变化划分为常态与变态两种类型。

所谓常态,是指"应至而至"。通常,一定的节气应当出现一定的气象现象。如立春后气温应逐步上升,惊蛰后雷电现象应逐步出现。

所谓变态,是指"应至而不至"。它又分为两种子类型:一是"不及",如立春后气温应回升,却并未回升;一是"太过",如立春后气温回升太快。

对年季气候变化的"不及"及"太过"状态,《管子·幼官》以及《黄帝内经》中都说得很明白。如《管子》说:"春行冬政肃,行夏政霜,行秋政阘。"文中"行冬政"指气温偏低;"行秋政"指气温不回升;"行夏政"指气温过高。

2. 天气状态的描述与概括分类

对各种类型的天气状态的描述与概括分类,乃是这一历史时期的重要成果。它涵盖了冷、热、干旱、云、雨、雪、霜、雷电、光象等各种气象状态。如"十辉"被学者称为世界最早的自然大气光象系统,它把光象划分为十种类型,并做出了视觉认知的描述。

例如,《吕氏春秋》中关于"八方季风"的描述:"何谓八风?东北曰炎风,东方曰滔风,东南曰熏风,南方曰巨风,西南曰凄风,西方曰飂风,西北曰历风,北方曰寒风。[20]126"

例如,董仲舒关于雨及雨与风的关系的认识:"阴阳二气之动兮地,若有若无,若实若虚,若方若圆,赞聚相会,其体稍重,雨乘虚而坠。风多则合速,故雨大而疏;风少则合适,故雨细而密[20]150"。

例如,张衡关于雷电现象与气温关系的叙述是:"雷者,太阳之激气也。何以明之? 正月阳动,故正月雷始;五月阳盛,故五月雷速;秋冬阳衰,故秋冬雷潜。[20]154"

3. 气象与社会生产

气象与社会生产的关系的论断,主要有两个方面:一是气象条件与农业生产的过程直接相关。农业生产过程可划分为"生、长、收、藏"等四个阶段,它们与气象条件直接相关。《周月》明确指出:"万物春生,夏长,秋收,冬藏,天地之正,四时之报,不乃之是。"二是不同的气候类型适合不同的生产。《禹贡》将全国划分为冀州、兖州、青州、徐州、扬州、荆州、豫州、梁州和雍州等九州,并对九州的产品及土地潮湿情况作了详细的记载,反映出不同的气候类型有着不同的主要产品。如它说,兖州气候湿润、土地肥沃,盛产漆丝和竹器,而梁州则产铁、银、镂、砮、磬、熊罴、狐狸、织皮等。

4. 医疗气象

在天人合一的宇宙观和朴素的辩证观的指导思想下,在长期的保健和医疗实践中,中国传统医学构成了具有中国特色的医疗气象体系。这一体系在春秋战国时期就已形成,并在汉代的伤寒学派、清代的温病学派中得到了进一步地发展,成为中国医学文化乃至世界文化中的一大瑰宝。在这里,我们以成于春秋战国的古典医籍《黄帝内经》为例,作一简约说明。

(1)气象与健康相统一的生理观、病理观

《黄帝内经·素问》中的"六节藏象论"说:"不知年之所力,气之盛衰,不可以为工矣。"文中之"气"指三候之气(《黄帝内经》曰:"五日为一候,三候谓之气"),即描述年际气候变化的二十四节气中的节气。盛衰中的"盛",指一定节气中应出现的气象状态太过(《黄帝内经》称为"至而太过"),"衰"是指节气的气象状态尚未出现(《黄帝内经》称为"应至而不至")。全文的意思是,成为一个医生的最基本的要求是,掌握每年二十四节气的应出现的气象状态,并判断出这一气象状态出现与否。若没有出现,其气象状态是否有所超越,或是否停留在前一节气的气象状态之上。《黄帝内经》的上述论断,表明了传统医学把气象与健康看成是一个统一的整体,并在此基础上构建出了它的生理观与病理观。

适应性是生物的普遍规律。一定地区的居民长期生活在一定地区的气象条件之中,自然形成其生理的适应性。若这种气象条件变化太过或不及,人体与气象条件的平衡统一便会被打破,生理的适应性便会出现问题,健康亦随之会出现问题。这样,掌握年际内的气候变化状况,自然就成为医生的基本功。

(2)气候与病因

中国传统医学把病因分为外因、内因和非内外因。《黄帝内经》用"风、寒、湿、热、燥、火"六种气象状态,来概括出导致人体疾病的外因。同时,把这六种气象状态的物理属性作为其分析病理的说理工具。它认为：一定的脏器病变与一定的外因存在联系，如脾脏应当干燥，若遇湿则生病；肝脏应当生发，若遇火则生病等。

中国传统医学还认为：四时的气候不同，其所引起的疾病也将不同。《黄帝内经·素问》中的"金匮真言论"说："春善病鼽衄，仲夏善病胸胁，长夏善病洞泄寒中，秋善病风疟，冬善病痹厥。"同时，传统医学还把疾病划分为"风、寒、湿、热、燥、火"等六种症候群。

（3）气象与辨证施治

辨证施治是中医的治疗程序，《内经》把辨证程序概括为"八纲辨证"，它要求医生诊断疾病时，要从"阴、阳，表、里，寒、热，虚、实"上对疾病做出概括，即明确的认识病人所患的疾病是"表症"还是"里症"，是"寒症"还是"热症"，是"虚症"还是"实症"，最后判断出是"阴症"还是"阳症"。八纲辨证至今还是中医治疗必须遵循的程序。阴阳、寒热则是古人对天气是否晴朗，气温高低的判断词。在八纲辨证中，它们却成为概括病人的基本理论，成为中医治疗学的基本范畴。

不仅如此，对于辨证后的治疗，《黄帝内经》提出要依据病人病期中的气象条件来治疗："圣人之治病也，必知天地阴阳，四时经纪，五脏六腑，雌雄表里，刺灸砭石，毒药所主，从容人事，以明经道，贵贱贫富，各异品理。"

第七章 气象服务的投资主体

一、研究的理论出发点

考察气象服务的投资,主要是考察:(1)气象服务生产和再生产的所需资金从何而来,即由谁投资,谁是投资主体?(2)为什么投资,即投资的目的是什么?(3)所需的投资量该如何确定?在此,第一步,关于气象服务投资主体的考察研究,我们正是以马克思的资本总循环形式作为其研究的理论出发点。

马克思在研究市场经济条件下资本的生产和再生产过程时,曾在《资本论》中提出资本总循环形式[5]60,这就是:

$$G-W \overset{A}{\underset{P_m}{<}} \cdots P \cdots W'(W+w)-G'(G+g)$$

式中,G 表示开展一定的生产或劳务所需一定量的货币资本。因为生产的各行业或同一行业的不同规模的厂商,其所需的资金量是不相同的;同样,服务业内的各服务行业及行业内的不同规模的商家要提供服务所需的资金量也会是不同的。只不过,它们一旦确定了生产或服务的品种及规模后,其所需投入的资金就是一个定量了。

式中,W 表示生产要素,W 包括用 A 表示的劳动,用 P_m 表示的劳动对象、劳动手段;P 表示生产;W' 表示生产的产出物,即生产出的一定商品或劳务;G' 表示 W' 的售卖价值;w 表示生产要素的增量;g 表示货币资本的增量。

还有,式中用"—"表示流通阶段,用"…P…"表示生产阶段。因为,在实际生活中,生产商品或劳务的过程均需要经历生产阶段和流通阶段。

众所周知,马克思对资本主义生产关系的研究,是建立在成熟的市场经济的基础之上的。因此,撇开马克思资本总循环形式所包含的资本生产关系的特定经济含义,我们可以将其视为商品或劳务生产过程的一般描述:

(1)任何生产活动或劳务活动都必须有同生产或劳务的性质及规模相适应的资金量;

(2)在这生产或劳务过程中,"G—W"阶段,通过市场完成直接生产过程要素的准备;"W…P…W'"阶段,通过生产完成生产要素物质形态的转换;"W'—G'"阶段,通过流通完成价值形态的转换,生产过程重新开始;

(3)W' 不同于 W,生产要素的物质形态已经形变或发生位移,有了一种新的使用价值(效用);W' 在量上已经增值;G' 不同于 G,G' 已经增值,即 $G'>G$;

(4)商品和劳务的生产过程,是直接生产过程和流通过程的统一;同时也是一个不断循环往复的再生产过程。

需要指出的是:气象服务的运行既同于又不同于马克思关于资本循环的总公式。应该说,气象服务的运行过程应为"$G—W\cdots P\cdots W'—V$",V 在这里是 W' 的使用者。这种生产有"$G—W$"的价值形态转换,也有"$W\cdots P\cdots W'$"的物质形态转换,但 W' 却不再完成其价值形态的转换,而是直接交付其用户使用。因此,从价值形态变化的角度来考察其生产过程,气象服务只有购买阶段、生产阶段,而无销售阶段。可以说,这是一种不完全的价值形态变化的过程。

二、政府

考察气象服务的历史,无论是在我国还是在世界上的其他国家,当气象服务还没有作为一个独立的行业出现在社会经济生活中之时,它是由政府投资和组织其生产的。然而,在市场经济条件下,特别是在市场经济充分发达的条件下,气象服务在变成了一个独立的公共部门或公用事业后,其服务的全过程却仍然是由政府来投资。

(一)政府成为投资主体的原因

在当代,在市场经济充分发达的条件下,政府却为什么仍然担当着气象服务的投资主体呢? 究其原因有二:一是市场失灵;二是政府的职能。

1. 市场失灵

在市场经济条件下,对购买者而言,气象服务产品不同于可以被个人或群体所独占的私人物品,能让个人或群体(如企业、事业单位、机构)产生购买欲望,付费使用。

这是因为,气象服务产品是一种公共产品或准公共产品。所谓公共产品,借用萨缪尔森的话:"它是指那种不论个人是否意愿购买,都能使社会每一成员获益的物品。"另一方面,对投资者而言,气象服务行业不是一个竞争性的获利行业,它没有投资价值。这就是说,面对气象服务产品,购买者不愿付费;面对气象服务行业,投资者不愿投资。一句话:市场无效率,市场失灵!

在市场失灵的社会经济领域内,谁来投资? 谁来生产?布朗和杰克逊在其所著的《公共部门经济学》中曾写道:"如果要提供一种纯公共产品,那它就必须由集体来提供,或通过私人自愿协定,或通过公共预算由公共部门来提供。"他又指出:自愿协定"对于小群体也许是可行的。""对一个大群体而言,纯公共产品是通过公共部门预算来提供的。"[15]30-31这样,作为公共产品的气象服务则只能而且必须由政府通过公共预算、由具有公用事业性质的气象服务部门来提供。

同时,再进一步说,气象服务产品效用的覆盖面,用经济学的术语表达,其"正外部性"覆盖一个地区,或者覆盖一个国家,甚至还会超越一个国家的范围。这样,自不待言,气象服务产品的生产的投资,则就自然不能由一个小集体通过一种自愿协定来完成。

2. 政府职能

在市场经济的条件下,政府所担当的气象服务的投资主体的角色,是政府应当承担的经济职能之一。

从理论上看,萨缪尔森曾把政府的主要经济职能概括为四个方面,其中第一个方面就是提高经济效率,并把它称为政府的核心经济目标,他说:"政府的核心经济目标,是帮助社会按其意愿配置资源。这是政府政策的微观方面,它集中于经济生活中的生产什么和怎样生产这两个问题。"

同时,实际经济生活已经表明,市场在公共产品的生产领域内是无效率的,它不能满足"帕累托最优",即不能解决生产什么和怎样生产的问题。这样,市场不能解决的问题,自然应当成为政府的经济职能,自然应由政府以其手中掌握的公有资源而担当起投资人的角色。具体地说,政府要么组织公共部门或公用事业部门来生产,要么以协议形式出资委托私人企业来生产。

(二)投资主体的级别

气象服务众多的产品皆是公共产品,然而其公共性的程度是不尽相同的。这是由气象服务产品效用覆盖面的差异性所决定的。比如,在我国,中央气象台发布的天气预报,其效用的范围可覆盖全国,而地方气象台发布的天气预报,其效用的覆盖范围则仅限于一定的地区。

由于公共产品的公共性程度的不同,公共产品则会有全国性公共产品和地方性公共产品之别。同样道理,气象服务产品也相应地划分出全国性和地方性两大类;从而,气象服务的投资者则有中央政府投资主体和地方政府投资主体之别,只不过地方政府投资主体又分为省、市、县三级而已。

值得强调的是,各级地方政府尽管是地方性的气象服务产品的投资者,然而在通常情况下,由于气象服务产品的效用会具有越出地区范围的外溢性效应,如某一地区的天气预报发出后,相邻的其他地区亦会具有效用。这样,这种效用的外溢性必然会影响地方政府投资的积极性,使其投资不能满足地方气象服务的生产和扩大再生产的需要,最终造成地方性气象服务公共产品的缺失。为了克服这一缺失,中央政府就需要给出相应的财政补助。这就是说,在地方性气象服务产品的生产中,中央政府也会给予一定的投资。

总之,在我国,各级政府皆是气象服务的投资主体。所不同的是,中央政府是一级主体,处在次要地位的地方政府则是二级主体。

(三)政府的投资目标

在《中华人民共和国气象法》的第一条中,即有政府投资目标的纲领性表述:"准确、及时地发布气象预报,防御气象灾害,合理开发利用和保护气候资源,为经济建设、国防建设、社会发展和人民生活提供气象服务。"

按照这一纲领性的表述,政府所要实现的投资目标,即在于通过向社会提供出气象服务产品,以保证经济建设的可持续发展、巩固国防、促进社会可持续发展以及提高人民生活的水平和质量。

实践证明,我国政府的这一投资目标既是科学的,又是可行的。因为,它既客观地反映了人类与大气环境的关系,又清晰地体现出气象的经济学属性和气象服务的经济性质。同时,这也是新中国成立以来,特别是党的十一届三中全会以来,气象服务的历史所已给出的肯定答案。

为了实现政府的投资目标,依据《中华人民共和国气象法》,政府投资的主要领域有:(1)气象设施的建设与管理;(2)气象探测;(3)气象预报与灾害性预警报;(4)气象灾害防御;(5)气候资源的开发和利用。

新中国成立以来的实践业已表明,政府的投资方向已确保了气象服务部门的气象业务的有效开展,确保了向社会提供多种类型的各式公共产品(气象公众服务、决策服务、专业气象服务、人工影响天气服务和气候资源的开发与利用等),最终确保了政府投资目标的圆满实现。

需要指出的是,由于我国中央政府与地方政府的财权与事权的不一,因而地方政府的投资目标,除为地区范围内的经济建设、国防建设、社会发展和人民生活提供出气象服务之外,在现阶段,其重点主要是确保地方政府辖区内的气象台站为农业生产提供出气象服务[21]。

(四)政府投资的来源和途径

我国中央政府和地方政府对气象服务的投资,分别在各自的财政收入中列支。

具体地说,中央政府的财政收入包括其固定收入和与地方政府共享收入中的分享部分。固定收入,主要包括关税、中央企业的所得税、金融企业集中缴纳的收入和中央企业上缴的利润;共享收入,主要包括增值税、资源税、证券交易税中的提留部分。地方政府的收入主要来自按法律、法规所规定的为地方所有的营业税、所得税,地方国有企业上缴的利润,以及与中央政府共享收入中地方政府的所得部分。

实践证明,不论是中央政府还是地方政府的财政收入,皆是实现政府职能的资源保障。它主要用于实现政府职能的国防支出、行政支出、事业支出和经济建设投资等的支出。在理论层面上,财政学认为,事业性支出是一种财政性消费支出;它是政府为提供公共产品和准公共产品而发生的支出。《气象经济学》认为,政府对气象事业的支出,是气象服务简单再生产和扩大再生产的资金来源。正是在这些意义上,我们把财政学上的财政消费支出,叫作投资。同时,政府的财政收入从而就是政府对气象服务投资的来源。

政府对气象服务的投资,是政府通过财政拨款的形式所给予气象服务部门的划拨。划拨一般均要受到政府财政收入量的制约。在现阶段,我国中央和地方政府对气象部门的划拨会因财政收入的递增而呈递增趋势。表 7-1 反映出 2000—2008 年,政府给气象服务部门的划拨款。

表 7-1 2000—2008 年政府对气象服务部门拨款一览表

单位:万元

年 拨款	2000	2001	2002	2003	2004	2005	2006	2007	2008
中央财政拨款	156847	222376	240909	358650	462062	381983	454105	552855	673594
中央财政拨款中的基本建设投资	39925	49690	54368	125359	140350	95091	74788	75712	123460
地方财政拨款	76770	87308	105820	121740	129338	146110	163644	192850	236884

从表 7-1 中,我们看到:

(1)除 2005 年与上年相比的中央财政拨款有所下降外,其余年份均呈递增状态,2000—2008 年的 9 年内,增长了近 330%,年平均增长率约为 36.67%。

(2)中央财政的基本建设投资除 2005 年与 2006 年下降外,其余各年均呈上升态势;2003 年比上年增长 130%,2008 年比上年增长约 60%,反映出其基本建设的投资的集中性与阶段性特点。同时,在这 9 年内,中央政府对气象事业的基本建设投资累计达到了 778743 万元,表明我国气象服务所拥有的物质技术基础,已经跨入到了世界的先进行列。

(3)地方财政拨款呈现出年递增态势,2000—2008 年间,共增长约 208.56%,年平均递增约 23.17%,反映出我国各级地方政府的财政收入呈逐年好转的态势;反映出气象事业为地方政府的服务,受到了地方政府的首肯。

(4)政府拨款线性增长的态势,证明气象事业的发展同宏观经济的发展势头及政府收入的状况有着直接的相关关系。它伴随着宏观经济的良好势头和政府财政收入的增长而增长。据统计资料,2000—2008 年,我国政府的财政收入增长了 470%,年递增 52%;与此相应,政府用于气象事业的拨款增长了约 330%,年递增 36.67%,略低于政府财政收入的比例。

三、气象服务部门

1984 年 12 月,中国气象局提出了建立基本业务、有偿专业服务以及经营实体的事业结构框架，俗称"小三块"。1985 年 3 月，国务院办公厅转发了中国气象局《关于气象部门开展专业有偿服务和综合经营的报告》；同年，中国气象局、财政部联合颁布了《关于气象部门开展专业服务收费及其财务管理的八项规定》。以 1985 年为起点，气象服务部门开始了其"创收"的历程。这使气象服务部门对气象服务自身产生了投资能力。由此，气象服务部门成了对气象服务投资的辅助主体。

（一）部门创收的经济原因

经济学认为，在市场经济条件下，供给和需求是市场的相互依存又相互转化的两个方面：需求会刺激供给，需求会创造供给；反之亦然。部门"创收"的经济原因，正是供给和需求双方共同作用的结果。

1. 需求

1984 年 10 月，党的十二届三中全会通过了《中共中央关于经济体制改革的决定》，明确提出："城市企业是工业生产、建设和商品流通的主要直接承担者，是社会生产力和经济技术进步的主导力量"，要求企业成为自主经营、自负盈亏的社会主义商品生产者和经营者，具有自我改造和自我发展的能力，成为具有一定权利和义务的法人。正是在这样的改革背景下，气象服务部门产生了有偿专业服务和从事经营活动的市场需求。具体地说：

（1）企业为了实现自身产出效益的最大化，必然会在市场中竞相争取占用自然资源，其中当然也包括占用气象资源。不言而喻,占有气象资源,可以帮助企业克服因天气和气候条件所带来的风险,从而降低企业生产或服务成本,以获取市场优势。于是,数以千万计的企业便会积极要求气象服务部门提供具有针对性的专业服务和开展经营性活动。

(2)需求能否形成,取决于商品的需要者有无货币的支付能力。1984年10月,国家正式给予企业决定和支配自留资金的权利,从而使企业对气象专业有偿服务和其他经营性质的服务有了现实的支付能力。

2. 供给

需求产生了供给。在需求的推动下,气象服务部门有了供给有偿专业服务和从事其他经营性活动的动力和条件。

动力来自气象服务简单再生产和扩大再生产所需的资金量与政府投资不足的矛盾。这一矛盾推动着气象服务部门积极开展有偿服务,积极开展其他经营性活动,以弥补政府投资拨款的缺口。

不容争议的是,政府始终对气象服务这一公共产品的生产不遗余力;同样不容争议的事实也是,由于政府的财政收入量的硬约束,政府(中央政府与地方政府)的投资虽逐年增长,却还是难以保证气象服务的简单再生产和扩大再生产的需要,其中尤其是地方气象公共产品生产的需要。

针对这一问题,作者于2010年8月在四川几处县级气象局进行实地考察:在现阶段,一般地说,维持县级气象局事业发展和职工福利,以及地方补贴的年正常运转资金的总流量,大的县需要 500 万元人民币上下,小的县也在 200 万元人民币上下,其资金的缺口大约为 40%。在现有地方财政收入的条件下,这一资金缺口只能依靠自筹资金解决,即通过服务收费和经营性收入来筹集,只能靠"自己动手"。同时,笔者也了解到,在地方政府的财政收入比 1985 年已快速提高的条件下,仍需要"自己动手"! 显然,在 1985 年,其"自己动手"更为迫切。

问题的另一面还在于:有了供给的动力,还必须有供给的条件。气象部门所拥有的物质技术装备、人力资源和经营性资产,是开展专业有偿服务的经济条件。以 1985 年为例,据统计,气象部门所拥有的雷达、计算机都分别形成了一定的网络,工作用房、工作辅助用房以及气象台站均达到了一定规模;大专以上的专业人才以及中专人才也都具备了一定数量。同时,还拥有一定数量的土地、房产等可用作经营性活动的资源。这些生产资源,或者说,这些生产要素在科学的组织和安排下,在确保完成公共产品生产的情况下,气象服务部门是既有条件又有能力开展一定的有偿服务和经营活动的。事实正是如此,据统计,气象服务部门在开展有偿服务和经营活动的一年后,即在 1986 年,其产值已达 800 万元,除去成本后盈利 400 万元,约占同年气象部门事业费的 2%。

(二)创收的趋势和途径

1. 创收的趋势

从 1985 年算起,至今,气象服务部门创收已有 15 个年头,且走上了规范化的轨道(参见表 7-2)。

表 7-2 2000—2008 年部门创收一览表[22]197

单位:万元

年	2000	2001	2002	2003	2004	2005	2006	2007	2008
创收值	77915	98531	99399	100130	97280	117633	162891	195766	276615

表 7-2 的数据反映了气象部门的创收呈现出逐年增长的态势,且已走上持续、稳定发展的大道。具体地说:

(1)2000—2008 年,气象服务部门的创收由 77915 万元增加到 276615 万元,增加了约 255%,年平均递增约 28.33%。

(2)气象服务部门的创收除 2004 年因国家宏观经济形势的原因略有下降外,总体上呈线性递增。

(3)从 2005 年开始,增长幅度比前五年明显提升且持续发展。2005 年比上年增长了 121.91%,2006 年比上年增长了 138.47%,2007 年比上年增长了 120.18%,2008 年比上年增长了 141.30%,充分反映出气象服务部门的创收走上了持续稳定增长的大道,形成了一定的规模。

2. 创收的途径

《气象统计年鉴》从概念的外延上将部门创收定义为:"指事业单位的事业收入,事业单位经营收入,附属单位缴款、投资收益与其他收入之和"。从经济学的意义上认识上述五项创收,可按其创收途径概括为气象科技的服务收入和产业收入两大类。这是因为,投资收益是经营性资产的收益,它与经营收入同样可列入产业收入;而事业收入,则源于科技服务的收入；至于附属单位的上缴收入和其他收入，最终也源于服务收入和经营收入。

(三)创收的作用

气象服务部门的创收，在一定程度上缓解了气象服务的资金需求同政府对气象服务投资不足的矛盾，弥补了气象服务产品生产及再生产的资金缺口。这正如郑国光《在中国气象局改革开放 30 周年纪念大会上的讲话》中所说："我们通过开展气象科技服务，成功地探索出一条拓宽服务领域、增强服务效益的路子，有效解决了影响气象现代化建设的经费短缺等问题，增强了气象事业发展的活力。"

1. 弥补资金缺口

统计数据充分证明，在维持气象发展所需资金的流量上，部门创收有着十分重要的地位和作用，或者说，在弥补气象服务全过程的资金缺口上，部门创收有着十分重要的地位和作用。下面通过表 7-3 来进行说明。

表 7-3　2000—2008 年财政拨款与部门创收在总收入中的比重一览表

年	2000	2001	2002	2003	2004	2005	2006	2007	2008
收入总额	311532	408215	446128	580520	688680	645727	790489	941471	1187092
政府收入中财政拨款（万元）	233617	309684	346729	480390	591400	528093	617749	745705	910478

续表

年	2000	2001	2002	2003	2004	2005	2006	2007	2008
收入中部门创收（万元）	77915	98531	99399	100130	97280	117633	162891	195766	276615
财政拨款收入比重（%）	74.99	75.87	77.72	82.75	85.87	81.78	78.14	79.21	76.70
部门创收占收入比重（%）	25.01	24.13	22.28	17.24	14.12	18.22	20.60	20.79	23.30

表 7-3 清晰地表明：

（1）政府是气象服务生产和再生产的绝对投资主体。2000—2008 年，中央财政拨款和地方财政拨款两者之和，约占气象部门收入的 80％左右。这说明，离开了政府的投资，气象服务的生产和再生产即是一句空话。

（2）部门的创收，让气象服务部门作为气象服务生产和再生产投资的辅助主体有了资金来源。2000—2008 年，部门创收占气象服务部门总收入的 20％左右，弥补了政府的投资不足而不可或缺。

2. 增强了气象事业发展的活力

发展经济学和管理学的理论告诉人们，一个企业，一个机构,一个部门,一个地区,乃至一个国家,其活力源于科技、产品、服务、管理制度等的创新,将会使个人、组织、社会焕发出青春活力。事实上,气象服务中的科技服务,正是一大创新亮点,它使气象事业充满着活力。

　　在制度层面上,气象科技服务是气象事业结构的一种创新。这一创新经历了三个阶段,郑国光说:"1984 年 12 月,提出了建立基本业务、有偿专业服务、经营实体(人称'小三块')的事业结构框架;1992 年 8 月,提出了建立基本业务、科技服务(包括专业有偿服务)、综合经营(产业)"大三块"的事业结构及相应的运行机制;1999 年 9 月,又提出了建立气象行政管理、基本气象业务、气象科技服务与产业'三部分'的气象事业结构战略性调整[23]94",其中,气象科技服务正是气象事业结构调整中的一大创新。

　　在生产和再生产的层面上,气象科技服务是气象服务结构的创新。在科技服务中,气象服务部门从社会需求和市场需求出发,不断地推出新的不同的服务品种。2008 年,各省(区、市)气象局结合交通、水利等行业的服务需求,积极为用户提供出有针对性的优质服务;专业气象服务有了较大发展,收入比上年同期增长了 19.9%[23]94。以北京市为例,2008 年,北京市气象局开展的专业气象服务涉及日常生活、旅游休闲、经济建设、农业生产、生态环境以及其他服务,约 70 个品种。其中,仅日常生活即有商场客流量指数等 16 种服务;旅游休闲即有登山指数、红色之旅天气预报等 16 种服务[22]85。

　　制度和服务结构的创新,为气象服务部门带来了勃勃生机,货币收入持续上涨,仅 2008 年,全国气象科技服务收入总额,与上年同期相比约增长 18.4%[23]94;更为重要的是,创新提高了社会经济效益和部门经济效益(参见表7-4)。

表 7-4　2004—2008 年全国气象科技服务与产业成本收入利润一览表

单位:万元

项目 ＼ 年	2004	2005	2006	2007	2008
收入	248491.08	286821	344031.31	419340.99	496660.90
成本	159675.37	185679	225283.11	256245.14	391574.59
税费	13905.40	18118.61	23210.14	29747.68	34980.59
利润	75010.31	83023.11	95531.56	133348.59	160105.72

在表 7-4 中,税费反映了创收的社会经济效益;利润反映了气象服务部门的经济效益。

具体地说,在 2004—2008 年的五年间,部门创收实现了税费 119962.42 万元;从 2005 年起,其税费依次比上年增长了约 30%,28%,28% 和 20%。这表明,社会效益呈递增趋势。同期部门创收,则实现了利润总额 547019.29 万元。从 2005 年起,利润额又依次比上年递增 11%,15%,39% 和 20%,部门经济效益也呈现出递增趋势。

四、关于投资主体发展趋势的讨论

(一)问题的提出

在经济学的视区内,气象服务的生产和再生产属于公共产品和准公共产品的生产和再生产。由此,政府应充当产品的购买者或准购买者,应对其生产和再生产进行足额投资。然而,在现阶段,气象服务部门却兼具了气象服务的提供者(气象服务产品生产者)和购买者的双重角色,成了其辅助的投资主体。

应该承认,气象服务部门所具有的服务提供者和服务购买者的双重角色,是不合理的! 这是因为,它违背了公共产品应由公共财政支出的经济学道理。

但是,应该看到,气象服务部门的双重角色的变化,最终取决于财政拨款的条件和部门创收的变化。

(二)财政拨款

1.财政拨款的趋势

在前文的《2000—2008年财政拨款和部门创收在总收入中的比重一览表》(表7-3)中,我们看到:

(1)财政拨款占总收入的比重总体呈波动上升趋势。

在2000—2004年的五年内,财政拨款由占总收入的74.99%上升到85.87%,上升了10.88个百分点;2005—2008年虽有所波动,但其中政府拨款所占收入的比重,即使最低的2008年,也占到76.70%,这既高于2000年的74.99%,也高于2001年的75.87%。

(2)部门创收占总收入的比重总体上呈波动下降趋势。

在2000—2004年的9年中,前五年部门创收由25.01%下降到14.12%,下降了10.89个百分点;此后四年呈上升趋势,但上升幅度最大的2008年所占的比重,也低于 2000 年和 2001 年。

应该承认,上述两大趋势若能持续稳定地保持下去,不难预见,再经过一段时期,政府将会顺理成章地成为气象服务部门唯一的资金来源,或者说,政府将会是其唯一的投资者。

2. 财政全额拨款的条件

政府应该是气象服务唯一的投资主体,即气象服务的生产和再生产所需的资金全额,应该来自政府的财政拨款!若此,这既取决于政府的财政收入的增加,又取决于在其财政消费性支出的结构中,政府所用于气象服务的份额大小等约束条件。

(1)政府财政收入增加

政府对气象部门的拨款来自财政收入。表 7-5 表明,政府财政收入与其对气象服务的拨款存在着直接的正相关关系。

表 7-5　2000—2008 年国家财政收入与对气象部门拨款一览表

单位:亿元

年	2000	2001	2002	2003	2004	2005	2006	2007	2008
财政收入	13395.23	16386.04	18903.64	21715.25	26396.47	31649.29	39373.2	51321.78	61330.35
中央财政拨款	15.6847	22.2376	24.0909	35.8650	46.2062	38.1983	45.4105	55.2855	67.3594

从表 7-5 可见:在 2000—2008 年的 9 年间,中央财政收入在逐年递增;除 2005 年下降外,中央对气象部门的财政拨款亦呈现逐年递增的状态。

在经济学的理论层面上分析 2005 年财政拨款的下降,应当说,这只是现象而非实质。因为第一,这是固定资产投资周期性的特征的客观反映。由于在 2004 年的中央财政拨款中,其基本建设拨款已达到 140350 万元。这样,基本建设拨款额度过大,致使 2005 年只有 95091 万元,从而下降了 45259 万元,所以最终导致了中央财政拨款总额的下降。第二,这是经济波动的滞后效应。在《中国当代财政经济学》一书中,刘邦驰先生说:"过去时期的消费性支出额也会影响本期的支出额,上年消费性财政支出增加 1 万元,本年消费性财政支出 8900 元。[24]"

对气象服务部门的拨款,总会随财政收入的递增而递增,这是一种常态。这也是众多学者们的共识,如德国社会改革学派的代表人物瓦格勒,他提出了著名的公共支出的瓦格勒定律,指出:公共支出规模不断扩大,是社会经济发展的一个客观规律。随着社会经济的发展与财政收入的增加,用在公共产品和准公共产品上的财政支出也必然增加。又如,通过对我国的 GDP 和财政收入与消费性支出关系的实证分析,刘邦驰等在《中国当代财政经济学》一书中,还得出了下述结论:"财政收入增加 1 万元,消费性财政支出增加 3100 元;本年因为生产总值提高 1%时,消费性财政支出的均值增加 110.68 亿元。[24]"

总之,随着我国的国内生产总值和财政收入每年的高位增长,政府担当起公共产品和准公共产品的购买者角色,也就不会是一种理论设想。它终将会变成一种现实。就对气象服务的财政支出而言,不难预见,当政府拥有的财力增长到足以担当起唯一的投资主体之时,气象服务部门的双重角色也就不复存在了。

2. 气象服务在政府的消费性支出结构中的比重

气象服务仅仅是政府财政消费性支出的一个领域。反过来说,在政府的财政消费性支出中,还包括必须用作国防建设与行政管理的份额,用作购买诸如科学教育、医疗卫生、社会保障以及其他事业机构所提供的服务等等的份额。这样,在政府的财政消费性支出中,用于气象服务部门的拨款及其增幅,则自然取决于在财政消费性支出的结构中,政府所用于气象服务的份额。显然,在政府的财政消费性支出的结构中,气象服务所占的份额小,政府的财政拨款则少;气象服务所占的份额大,拨款量则大。

不同性质的公共支出的份额该如何确定?或者说,不同性质的公共支出的比例该如何确定?经济学把这一"确定"问题称为"公共选择"的问题。美国经济学家穆斯格雷夫和罗斯托在其发展阶段增长理论中,把公共选择概括为公共支出规模的上升与下降,取决于在经济发展的不同阶段上,公众对政府所提供的公共产品的收入弹性。这样,结合气象服务来说,可以直接地表达为:公共选择取决于社会对气象服务的需求程度。

事实正是如此。在当代,人类与大气环境的不协调正尖锐地摆在人类面前,如何成功地构建出人类与大气环境的和谐关系,已成为世界各国政府的共同课题!

令人振奋的是,我国政府在对气象服务需求的品种和需求程度上走在了世界的前列,表现为政府在气象服务现代化建设上不断地投入重金。在现有的基础上,若气象服务的社会需求持续上升,相应地,气象服务在政府的财政消费性支出结构中,其所占比重亦将会持续上升。由此,气象服务部门投资角色的变化,也就会更早地实现。

上述分析表明,政府要成为气象服务的生产和再生产唯一的投资主体,或者说,气象服务部门要尽快完成其角色转化,若从政府的财政拨款的长期趋势上考察,则是完全可以实现的。问题在于,在短期内,由于有两大条件的约束尚不能成为现实:一是政府收入的增加程度;二是服务在政府财政消费性支出中所占的比重。

(三)部门创收

1. 经营性产业和实体

现阶段,气象部门的创收主要来自气象科技服务和产业收益。就气象科技服务而言,由于气象科技服务产品属于准公共产品而不是商品,因而气象科技产品则不能按市场价格出售,却只能以低于产品自身的成本来收费。显然,其不足成本部分,还需要由政府拨款补足。还有,就气象部门的产业及实体而言,若由现有的相对独立,转变为产业及实体从气象服务部门剥离开来,则部门创收不复存在。若此,自不待言,气象服务的双重身份也就难以为继了。

现阶段,政府给气象部门拨款的缺口尚在 20％ 左右徘徊。可以说,在今后的一段时间内,政府的拨款尚不能保证气象服务的生产和再生产的需要,气象服务部门所经营的产业及实体就只能相对独立,而不具备彻底剥离的条件。所以,这就自然要求气象服务部门在剥离条件尚不具备之时,还必须对其所经营的产业及实体加强管理,使其产品和服务适销对路;强化成本核算与管理,提高其利润率。唯其如此,才能确保气象服务部门作为气象服务的生产和再生产辅助投资主体的身份,才能满足气象服务事业的健康发展。

2. 气象服务品种及质量

就政府对气象服务部门的财政拨款而言,社会对气象服务的需求是其拨款的基础条件。进一步说,气象服务部门能否获得拨款,以及获得多少拨款,其内在根据则是所提供的服务是否能满足社会需求。

无疑,社会对气象服务的需求,源于气象服务所给予使用者的效用及其程度。

在现阶段,气象服务部门所提供的服务,包括公众气象服务、决策气象服务、专业气象服务、人工影响天气服务和气候资源开发和利用服务等五大类。其中,每一类又由若干品种构成。在现实的气象服务生活中,若干服务品种的效用及其程度,实际转化为服务的品种是否与社会需求对路,是否是消费者所需要的;品种的质量是否优良,消费者使用之时是否满意。这就是说,适销对路、品质优良,既是效用、效用程度的客观表现,又是效用、效用程度的评价标准。

可见,提供出若干适销对路、品质优良的气象服务品种,乃是气象服务部门获得政府财政拨款的内在根据! 或者说,这是气象服务部门能否争取到政府拨款,并最终让政府成为唯一投资主体的必要而充分的条件。

通过上述分析,问题的结论在于:

(1)政府要完全成为气象服务的投资主体,乃是一种长期趋势。这既取决于 GDP 及财政收入的总量及增幅,又取决于在政府公共支出中气象服务事业所占的份额;同时,既取决于气象服务部门的"事企剥离"的程度和进度,又取决于气象服务的品种和质量的"适销"对路。

(2)在一个时期内,政府的财力及其对气象服务拨款的份额,均皆不足以使政府成为气象服务的唯一投资者,气象服务部门作为公共产品的供给者及购买者(辅助的投资主体)的双重身份,仍将在一定时期内存在。

(3)在现阶段,要解决气象服务的生产和再生产的资金缺口问题,首先是,要使其所提供的服务不仅有效用,而且效用的程度还能稳步提高,让使用者满意,以此努力争取政府拨款;其次是,气象服务部门尚需努力创收,让产业及实体的服务和产品适销对路,强化成本控制,提高其经济效益。

第八章　气象服务产品生产的投资量

一、公共产品最优供给的规范分析

关于公共产品的最优供给,西方经济学及其衍生的公共部门经济学已做了规范分析,其分析的目的在于给出"社会资源配置于公共产品供应所需的效率条件[15]50",包括公共产品的局部均衡条件、一般均衡条件和准公共产品的均衡条件。在此,认识这些条件及其分析,有助于我们理解、把握气象服务产品生产投资量的确定。

(一)分析所运用的理论和方法

在规范分析公共产品最优供给时,西方经济学从帕累托最优原理出发,采用"均衡—边际"的分析方法,建立出了公共产品的均衡模型。

1. 帕累托最优原理

帕累托最优原理是由意大利经济学家帕累托提出的。帕累托最优状态是现代福利经济学得以产生和发展的重要前提。这个最优状态是指,在收入分配既定条件下的生产资源配置,其任何新变动既不可能使有些人的处境变好,也不可能使任何一个人的处境变坏的资源配置状态。

简洁地说,所谓帕累托最优,指的是供给和需求相一致的状态;就一种产品而言,是供给与需求相一致的状态;就社会产品而言,是社会供给的各类产品同社会的各类需求完全一致的状态。

2. 分析方法

公共产品帕累托最优的分析方法,经济学上叫作"均衡—边际"分析。它所使用的重要分析工具有直角坐标轴、供给(S)曲线、需求(D)曲线、边际成本(MC)、边际转移率(MRT)或称边际技术替代率、边际替代率(MRS)以及边际成本(MC)等。

(1)边际

边际是经济学中的关键术语,常常是指新增的意思。如边际效用是指消费新增一单位商品时所新增的效用。

(2)均衡

均衡是指市场均衡。它是指在市场经济条件下,供给随价格的上涨而增加,需求随价格的上涨而减少。在供给和需求两种相互矛盾力量的作用下,市场会出现一个价格点。在这一价格点上,买者所愿意购买的数量,正好等于卖者所愿意出售的数量。这个数量则被称为均衡数量;这一价格则被称为均衡价格;供给和需求的这种状态,则称为市场均衡。

(3)边际成本

边际成本是指,在生产中,生产者每增加一单位产量所引起的总成本的增量。以 MC 表示边际成本，TC 表示总成本，ΔTC 表示总成本增量，ΔQ 表示增加的产量。这样，$MC = \dfrac{\Delta TC}{\Delta Q}$，用导数表示即为：$MC = \dfrac{\mathrm{d}TC}{\mathrm{d}Q}$。

（4）边际转换率（MRT）

边际转换率是指，在厂商维持产量水平不变的条件下，减少（或增加）某要素的投入，则需增加（或减少）另一要素的投入量，若生产要素概括为劳动（L）和资本（K）两类；以 MRT 表示边际转换率，这样，用劳动替代资本的边际转换率则表示为：$MRT = -\dfrac{\Delta K}{\Delta L}$；用导数表示即为：$MRT = -\dfrac{\mathrm{d}K}{\mathrm{d}L}$。

（5）边际替代率（MRS）

边际替代率是指，在维持消费者的消费程度不变的前提下，消费者增加某一种产品的消费量而愿意放弃的另一产品的消费数量。用 X，Y 分别代表消费者所消费的两种产品的数量，若用 X 代替 Y，以 MRS 表示边际替代率，这样，其边际替代率 $MRS = -\dfrac{\Delta Y}{\Delta X}$，用导数表示即为：$MRT = -\dfrac{\mathrm{d}Y}{\mathrm{d}X}$。

（二）公共产品有效供给的分析

1. 局部均衡分析

局部均衡分析，旨在揭示出实现单个公共产品生产的均衡价格和均衡数量的条件，即单个公共产品的最佳供给条件。其分析过程如图 8-1 所示。

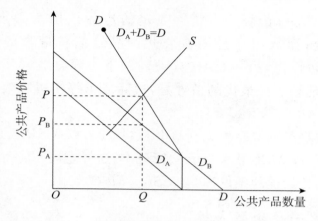

图 8-1 公共产品的供给

在图 8-1 中,纵坐标代表公共产品的价格,横坐标代表
公共产品数量,D_A 代表个人 A 的需求曲线,D_B 代表个人 B
的需求曲线,S 代表公共产品供给曲线,D 代表公共产品的
需求曲线。

由于公共产品的需求并不具有排他性,因此,A 和 B 对
公共产品的需求数量应当相同。在图 8-1 中,只有 OQ 才能
满足其上述条件,但在这时,A 愿意支付的价格是 P_A,B 愿
意支付的价格是 P_B,而在 P_A 和 P_B 的价格上却又不能形成
公共产品的供给;为要形成公共产品的供给,只有当
$OP = OP_A + OP_B$ 时,即公共产品的需求曲线为 $D = D_A + D_B$
时,才能实现其供给和需求的均衡。

在图 8-1 中,价格 P 为公共产品的均衡价格,Q 为公共
产品的均衡数量。这里的均衡表明,人们愿意为消费某一
数量的公共产品时所愿意支付的货币量,等于生产者愿意
在这一支付额上所提供与消费量等量的公共产品。

从需求的角度上看,经济学把 P 视为需求者的边际成本。这一成本是为获得一定的边际效用所必须付出的代价;而效用又是消费公共产品给消费带来的收益。这样,可以说,边际效用(MU)即等于边际收益(MR)。因此,实现帕累托最优的条件是,边际成本等于边际效用,即$MR = MC$。

若将个别产品扩大到整个公共产品,以 MSR 代表社会总收益,以 MSC 代表社会边际成本,这样,其公共产品所实现帕累托最优的条件即是:$MSR = MSC$。

2. 一般均衡分析

在对局部均衡分析的基础上,一般均衡分析是把问题扩大到有若干公共产品和私人物品同时并存的条件下进行的。

一般均衡分析,旨在揭示出社会产品中私人产品(即用于个人消费且又能被个人所独占的产品)和公共产品的帕累托最佳供给条件;其分析的前提是:(1)存在最终供消费的私人产品 X 和公共产品 G;(2)两种产品的生产可能性组合既定;(3)A,B 两名消费者的偏好既定。

图 8-2(a)、8-2(b)、8-2(c)所表示的是三种相互联系的直角坐标图。图中纵坐标代表私人产品消费量,横坐标代表公共产品消费量。8-2(a)、8-2(b)两图分别指出 A,B 对私人产品 X 和公共产品 G 的偏好,A_1A_1,A_2A_2 代表 A 的效用无差异曲线,B_1B_1,B_2B_2,B_3B_3 代表 B 的效用无差异曲线。图 8-2(c)图描述出社会资源用于生产 X,G 的生产可能性曲线,图中用 FF 表示。

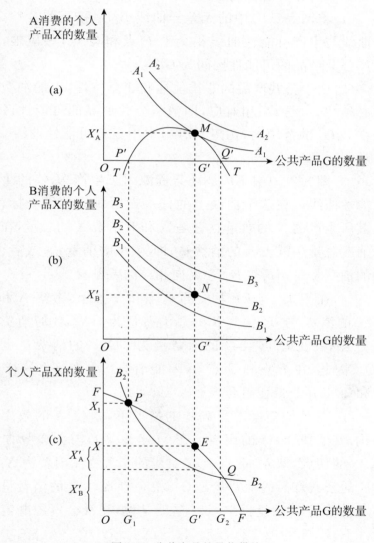

图 8-2　公共产品的最优供给

具体的分析过程是:

(1)将图 8-2(b)中的无差异曲线 B_2B_2 移至图 8-2(c),该曲线与生产可能性曲线相交于 P 点和 Q 点;相应地,其生产公共产品的可能性区间为 G_1G_2;

(2)由于公共产品的非排他性和非竞争性,A 的消费区间必须与 G_1 与 G_2 相对应,即消费公共产品的可能性区间仍在 G_1G_2 的范围内,在图 8-2(a)中用消费可能性曲线 TT 表示;

(3)图 8-2(c)中 FF 是社会资源用于生产 X,G 的生产可能性曲线。在这个曲线上的任一点所对应的纵坐标,代表其所生产的 X 的数量。它是 A 和 B 消费 X 的总量,在这个消费总量中减去 B 的消费量,即为 A 的消费量,或者说,A 的消费量是 FF 与 B_2B_2 纵向相减的差额;

(4)在 B_2B_2 与 FF 相交的 P 点和 Q 点上,考察 A 和 B 对 X 的消费:在 P 点上 X 的总消费量为 OX_1,B 的消费量也为 OX_1;在 Q 点上 G 的消费量为 OQ,B 的消费量也是 OQ。因此,在 P 点和 Q 点,A 不能消费私人产品。这样,P 点和 Q 点并非最佳组合点;

(5)在 B 的消费水平确定的情况下,要使 A 的效用最大化,其消费 X,G 的组合自然只能是 TT 与无差异曲线 A_1A_1 的切点,即 M,此点上 A 对应的私人物品消费为 X_A',对应的公共产品的消费量是 G';相应的 B 对 X 的消费量是 X_B',消费的 G 的量仍是 G'。这就是说,在社会资源既定的条件下,X,G 的最佳组合是 $X_A' + X_B' + G'$。

上述分析过程所得出的结论,可用下列数学模型表示,即:

生产可能性曲线的斜率＝A_1A_1 的斜率＋B_2B_2 的斜率

生产可能性曲线的斜率表示社会生产 X,G 的边际转换率,写作 MRT;无差异曲线的斜率表示消费 X,G 的边际替代率,写作 MRS。此时,公共产品中的帕累托最优的条件,即可以下式表示:

$$MRT = MRS_A + MRS_B$$

若将上述模型扩大到社会消费时,公共产品的有效供给条件则应为:

$$\sum_{i=1}^{n} MRS_{jk}^{i} = MRT_{jk}$$

式中 $i=1,\cdots n$,表示消费者的个数;$j,k=1,\cdots,m$,表示产品的数目。

3. 准公共产品均衡分析

关于准公共产品的有效供给的分析,西方经济学的结论是:消费者从准公共产品中所获得的总边际收益,等于边际私人收益和边际社会收益之和;当边际成本(MC)一定时,其价格则是:由准公共产品的供给对方同意的价格和社会对准公共产品数量的评估值之和。值此,供给量则为最优产出量。其具体分析过程如图 8-3 所示。

图 8-3(a)表示对某准公共产品的总需求曲线 D_P^{1+2},取决于消费者 1 的需求曲线 D_P^1 和消费者 2 的需求曲线 D_P^2,是它们的横向加总;图 8-3(b)表示消费者 1 和 2 对某准公共产品总的外部边际收益曲线 D_E^{1+2},是消费者 1 和 2 的外部边际收益曲线 D_E^1,D_E^2 的横向相加;图 8-3(c)中总需求曲线 D_X 通过 D_P^{1+2} 与 D_E^{1+2} 纵向加总得出。

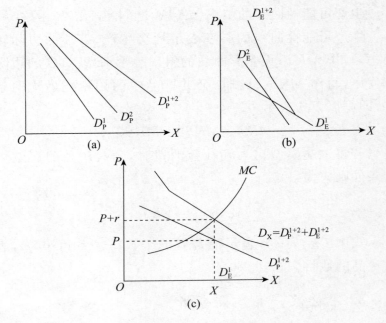

图 8-3　准公共产品的最优供给

设 MC 为边际成本曲线，MC 与 D_X 的交点则为准公共产品的最优供给点。

(三)有效供给分析的意义

西方经济学关于公共产品有效供给的局部均衡分析，一般均衡分析以及准公共产品均衡分析，其所得出的边际替代率等于边际转换率（$\sum MRS = MRT$）的帕累托最优状态，并非公共产品需求与供给的现实描述，而仅是一种对现实的理论抽象。

不难理解，要现实地描绘出总需求曲线，则需要社会上每一个公共产品消费者的偏好信息，即需要给出每个人的需求曲线。无疑,这是不可能的。然而,提出有效供给的均衡模型,却对我们理解政府对气象服务业的投资与投资量是有帮助的。这就是:

(1)政府之所以成为气象服务生产的投资者,乃是因为政府的投资来自于财政收入,而财政收入中的重要内容之一是税收。这在西方经济学看来,税收正是纳税人消费公共产品所支付的一种价格。

(2)政府为气象服务生产的财政拨款是,即投资量是气象服务公共产品总价格。它与社会消费气象服务的总收益(总效用)成正比。收益或者说效用是投资的函数。社会对公共产品预期收益的高低是制约投资量的因素。

(3)在气象科技服务产品中,其针对特定对象所提供的服务,则是一种准公共产品。通常,准公共产品的生产成本要在消费者和政府之间分摊,即准公共产品在被消费中,消费者要为其支付一定的费用(价格),其支付不足的部分,则由政府"埋单"。

二、投资函数

西方经济学认为,收益是投资的函数,收益越高,投资越多;反之亦然。马克思主义经济学则认为,生产是投资的函数,在生产的物质技术水平一定的条件下,生产的性质不同,规模不同,投资需求量也就会不同。

应该说,西方经济学和马克思主义经济学的观点并不矛盾。这是因为,收益来源于产品的消费,就气象服务而言,它来源于气象服务消费所产生的效用,而消费的产品源于生产。这样,生产的投资量同样决定于气象服务产品的生产,决定于气象服务的性质和规模。由此,气象服务产品生产的投资函数可以写成下式:

$$G = f(\sum_{i=1}^{n} W)$$

式中 G 表示投资量,W 表示气象服务产品和准公共产品。

从现阶段气象服务的现实出发,气象服务产品有公众气象服务、决策气象服务、专业气象服务,人工影响天气服务和气候资源开发利用服务等五大类产品。一般地说,公众气象服务、决策气象服务、人工影响天气服务和气候资源开发利用服务等四类产品均属于公共产品,唯有在专业气象服务中,其针对特定用户的服务产品才归属为准公共产品,这样,$\sum_{i=1}^{n} W$ 可以表述为下式:

$$\sum_{i=1}^{n} W = W_1 + W_2 + W_3 + W_4 + W_5 + SW_5$$

式中 W_1 表示公众气象服务产品,W_2 表示决策气象服务产品,W_3 表示人工影响天气服务产品,W_4 表示气象资源开发利用产品,W_5 表示专业气象服务中的公共产品,SW_5 表示专业气象服务准公共产品生产中政府分摊的部分。

上式表明,政府的投资量取决于气象服务公共产品生产的规模。具体地说,既取决于社会对气象服务五大类需求的品种和数量的多寡,又取决于在准公共产品生产中,政府所分摊的量。

在产品生产中,投资是产品生产的初始条件。它要转化为一定产品的生产,必须投入相应的物质要素。这就是说,在市场经济条件下,无论是公共产品生产的投资量,还是准公共产品的投资量,最终都要用来购买生产所必需的生产要素。换言之,投资要用来购买包括劳动、物资(土地、房屋、设备、仪器、材料等等)、技术、信息等等生产要素。因此,投资量是必须满足生产要素所耗费的货币量。

认识生产产品的生产要素所耗费的货币量,经济学将其概括为变动成本和固定成本两大类。进而,变动成本又称直接成本,它是随生产水平即产量的变动而变动的成本(如工资、材料费用等);固定成本是指不随产量的变动而变动的成本(如厂房、设备、管理费用等)。用 C_V 表示变动成本,C_F 表示固定成本。这样,投资函数最终可表述为下式:

$$G = C_V + C_F + S(C_V + C_F)$$

式中,$C_V + C_F$ 表示生产气象服务公共产品的可变成本和固定成本,$S(C_V + C_F)$ 表示生产气象服务准公共产品生产中政府应分摊的变动成本和固定成本。

若用 C 代表 $C_V + C_F$,则公式可简化为:

$$G = C(1 + S)$$

三、简单再生产和扩大再生产的投资量

气象服务产品的生产,总在连续不断地进行着。这种连续不断进行的生产,称为再生产。马克思说:"再生产过程必须从 W 的各个组成部分的价值补偿和实物补偿的观点来加以考察。[5]436"所谓价值补偿,它是指再生产所需的资金量从何而来;所谓实物补偿,它是指再生产所需的生产要素从何而来？就气象服务的再生产的价值补偿而言，同样是讨论再生产所需的资金量从何而来。

（一）再生产价值补偿来源的特殊性

一切生产过程或服务过程的结束，最终均会产生一种产品或服务（W），气象服务的生产也同样如此。

然而，气象服务所生产出来的产品不是私人物品，而是公共产品。显然，公共产品的价值不是通过人们的购买来实现的。换言之，其 W 价值补偿不是一种市场行为，不能通过产品的售卖收回投资，再用收回的投资进行再生产。应该说，这是公共产品再生产，自然也是气象服务再生产价值补偿的特殊性。这无异乎是说，气象服务再生产的资金同一切公共产品所需的再生产资金一样，仍然必须来自于政府的财政拨款。

从规模上划分，再生产有两种类型。马克思把在原有规模上的再生产称为简单再生产，在原有规模上追加投资的再生产称为扩大再生产。扩大再生产又分为两种形式：一种是外延式的扩大再生产，它是指在生产技术条件不变的情况下，单纯依靠追加生产要素来扩大规模；一种是内涵式的扩大再生产，它依赖提高生产技术水平，改善生产要素的质量，提高劳动生产率来扩大生产规模。但是，无论外延式还是内涵式的扩大再生产都需要新增投资。一般而言，再生产总是扩大再生产，简单再生产仅是一种理论抽象，只是扩大再生产的基础和出发点。在确定了气象服务再生产的资金来源后，讨论气象服务再生产的投资量，也就需要首先讨论简单再生产所需的资金量。

(二)简单再生产的资金量

1. 资金量与前期资金量相等

在简单再生产的意义上,考察气象服务再生产的资金量,自然发现它是一个常量。或者说,再生产的资金量,同前期生产过程中生产要素的耗费量,两者应该相等。用 G_S 表示再生产的资金量,G 表示前期生产成本。它们之间的关系可以下式表示:

$$G_S = G$$

2. G 的双重修正

简单再生产的价值补偿与实物补偿是相互联系的,因而简单再生产的投资量,应以购买到同原有规模相应的生产要素的量为条件。这个条件由于受到双重因素的影响,而使 G 受到双重修正。

(1)G 修正为 pG

简单再生产要成为现实的简单再生产,货币就必须在市场上转化成为各类气象生产要素。然而,生产要素的市场价格,又总是处在动态的变化之中。假如气象服务生产资料价格和消费品价格上涨,其投资费用同前期费用相比则必将会增大;反之,则减少。这样,为了维持简单再生产,其资金量应将随物价变化而同步变化。用 p 代表生产要素价格变动指数,则 G 应修正为 pG。

(2)G 修正为 aG

我国与世界其他国家的气象服务实践表明,在当代,气象设备的更新周期愈来愈短。这是因为,大气科学的发展会引起生产手段的不断更新变化;同时,伴随着新技术、新设备、新手段在气象服务中不断地得到广泛应用,生产设备的精神磨损亦将会同步加快。所以,要维持简单再生产,其简单再生产的投资费用与前期相比,也将会呈现出变动趋势。

用 a 表示在气象服务简单再生产中,其物质技术装备变动所引起的生产费用的变动系数。这样,G 还应修正为 aG。

3. 简单再生产投资量模型

依据前面的分析,气象公共产品简单再生产的投资费用,同前期的投入费用(G)相比,是两个不等的量。因为,G 首先要受到市场价格指数的修正,其次还要受到简单再生产生产费用变动系数的修正。在这双重修正之后,其投资量才能满足简单再生产的费用条件,用 G_S 表示简单再生产的资金量,G_S 与 G 的数量模型应该是:

$$G_S = G(p + a)$$

G_S 表明,简单再生产的投资费用量由两个条件决定:(1)前期的投资量;(2)报告期的价格指数和简单再生产费用增长的系数。

在量上,前期的投资量等于前期气象服务公共产品和准公共产品的成本耗费,即 $C(1+S)$,由此,上式可写成下式:

$$G_S = C(1+S)(p+a)$$

(三)扩大再生产投资量模型

扩大再生产是在简单再生产的基础上进行的。显然，它应在简单再生产的费用之上，追加与规模扩大程度相适应的资金量。

用 ΔG 表示追加的投资量，用 G_P 表示扩大再生产的投资量，气象服务扩大再生产的投资量模型应为：

$$G_P = G_S + \Delta G$$
$$G_S = C(1+S)(p+a)$$
$$G_P = C(1+S)(p+a) + \Delta G$$

气象服务扩大再生产的投资量模型表明，它的投资量由修正后的前期的成本耗费与追加费用构成。追加费用量（ΔG）由生产规模扩大时所需追加的生产要素价格总量所决定。由此可见，只有在满足修正后的前期耗费量和追加费用量的条件下，扩大再生产才能够顺利进行。

(四)再生产费用的分摊

现阶段，政府对气象部门的财政拨款同气象部门资金的实际需求是两个不同的量。一般地说，其间有 20% 左右的缺口。无疑，这在今后一段时间内均会存在。因而，气象服务的再生产要持续地进行下去，其所需的资金量必须要在政府和气象部门之间分摊。

1. 政府

在关于气象服务的再生产的价值补偿来源的特殊性讨论中，我们已经知道，其再生产所需资金应由政府给予财政拨款。

现若以"年"为气象服务的生产周期,政府每一年的投资量,即拨款量只有等于 G_S,才能维持气象服务的简单再生产;只有等于 G_P,才能保证气象服务的扩大再生产。

然而,现阶段政府的拨款量却小于 G_S,或小于 G_P。这就是说,政府只分摊了再生产资金量的一部分。

2. 气象部门

设政府再生产拨款额为 F,气象部门弥补拨款缺口所需的投资量(或者说分摊量)为 I,这样,在简单再生产的条件下,气象部门应分摊量则列为下式:

$$I = G_S - F$$

气象部门分摊的再生产所需的资金量来自部门自身创收。若部门自身创收用作气象服务的生产费用小于 I,气象服务的简单再生产则难以为继;若这一条件果真出现,气象服务的再生产则只能是萎缩的再生产。

在扩大再生产的条件下,气象部门的分摊量应列为下式:

$$I = G_P - F$$

假设气象部门的创收小于 $G_P - F$,而略高于 $G_S - F$,则气象部门再生产只能是简单再生产;I 只有在等于或大于 $G_P - F$ 时,气象部门才有可能实现扩大再生产。

第九章 气象服务的投资控制

一、预算控制

在我国,政府对气象公共产品生产和再生产的投资采用的是财政拨款形式,而财政拨款的额度则以政府预算为准。同时,按照《中华人民共和国预算法》第六条规定:"各部门预算由本部门所属各单位预算组成"。这样,气象部门的预算则由其所属各单位拨款期的收支计划组成;一经法定程序批准,其预算即成为拨款的根据。预算控制是政府对气象服务的投资控制。预算控制通过预算编制、预算执行和决算,全面实施政府对于投资的全程控制。

(一)预算编制

预算编制发生在投资行动之前,它为其投资确定目标,确定其所需要的投资量(拨款量)。在管理学控制的意义上,预算编制又称为前馈控制。

1. 编制程序

我国部门预算的编制实行"两上两下"的程序。"一上"

是指,部门将编制的预算建议数上报财政部门;"一下"是指,财政部门在审核部门上报的预算建议数后,再向部门下达其预算控制数。"二上"是指,按财政部门所下达的预算控制数,部门在编制出部门预算草案后,再将其上报给财政部门;"二下"是指,政府预算在经法定程序批准后,财政部门方可批复部门预算,部门再根据财政部门的批复,将预算下达所属单位。

2. 编制原则

理论界的学者们对预算的编制原则的概括和表述各有不同,如刘邦驰先生等提出合法性、真实性等八条原则;赵鸣骥先生提出准确性、合理性等四条原则。概括学者们的观点,结合气象部门的实际,我们从合法性、真实性、科学性、综合性等四方面作一简要叙述。

(1)合法性

合法性是指,预算的编制要符合国家的法律、法规的规定。《中华人民共和国预算法实施条例》第十七条对此做出了具体的要求,它指出:各部门、各单位编制年度预算草案的依据:①法律、法规;②本级政府的指示和要求以及本级政府财政部门的部署;③本部门、本单位的职责、任务和事业发展计划;④本部门、本单位的定员定额标准;⑤本部门、本单位上一年度预算执行情况和本年度预算收支变化因素。

(2)真实性

真实性是指,预算的收支要客观地反映出社会对气象部门的服务需求、反映出其自身的供给能力。具体地说,在气象部门的预算草案中,各项收支数据应准确可靠,收入无夸大或隐瞒,支出需量入而行,收入不小于支出,勿"寅吃卯粮"。

(3)科学性

科学性是指,预算收入指标和预算支出指标的测算,既需要充分考虑到上一年度预算结余的情况,又需要考虑到本年度预算收入的各种变化因素,还能反映出其外部条件及内部条件的变化,最终体现出其预见性和合理性。例如,既要考虑价格变动指数和气象服务生产费用的变动指数,又要考虑社会对气象服务需求的变化等等。这正如赵鸣骥先生所说:"根据气象事业发展状况,综合考虑物价等因素,适时修订人员经费和公用经费综合定额标准,完善细化经费定额体系。[25]"

(4)综合性

综合性是指预算收支要作为一个整体,统筹安排。具体地说:①资金安排要有轻重缓急:首先保证气象服务的简单再生产,再考虑扩大再生产;先保证基本支出,后安排项目支出;先急需项目,后一般项目。②不得在预算之外,保留其他项目。③严格实行"收支两条线",收与支脱钩,统一安排支出。

(二)预算执行

在投资控制的意义上,预算执行又可称为同期控制。就气象部门而言,预算执行是指,部门或单位组织实施已被批复的部门预算或下属单位预算的活动。为确保财政部门批复的预算的贯彻实施,预算执行主要包括组织预算收入、组织预算支出和组织平衡预算三方面的工作。

1. 组织预算收入

气象部门及其附属单位的预算收入,在现阶段来自投资(中央政府、地方政府的财政拨款)和自筹资金(部门创收、下属单位创收)两大类。在这两大类收入中,政府拨款来自于政府的财政收入,显然这应由财政部门负责组织;自筹资金主要来自(1)气象部门及其下属单位的经营性收入;(2)气象部门及其下属单位的科技服务收入(准公共产品收入)。两项收入所形成的自筹资金,显然需由气象部门及下属单位组织。

在经济学的视区内,气象部门所组织自筹资金的活动,即是气象部门面向市场的活动。无疑,这一活动客观要求气象部门所经营的产业、品种要与市场对路,所提供出的服务和产品的质量均须可靠,要对消费者有用;同时,对具有特定对象的科技服务,亦须满足其特定对象的要求,收费要合理,消费者所分摊的成本既不能过高,又不能过低。具体地说,消费者分摊的成本费用,要根据其效用外溢的程度来予以确定,外溢效应高,分摊的成本则低,反之则高。

同一切市场经济活动必须合法经营、照章纳税一样,气象部门的经营活动,以及所提供出的准公共产品的科技服务活动,也必须完全符合国家的法律、法规,该完税的要完税,不得截留。

现阶段,在自筹资金尚占气象部门预算收入 20％左右的条件下,组织自筹资金的活动,对于贯彻落实预算与保证

资金需求有着重要意义。为此,必须开源节流:(1)经营性
资产和经营性企业必须按市场化运作,以市场为导向,通过
创造产品及其价值,广开财路;(2)实行节约化经营,强化成
本核算,降低物耗,提高劳动效率;(3)建立起经营性资产管
理激励与约束机制,以提高其经济效益。

2. 组织预算支出

就气象部门而言,组织预算支出是指,部门及其下属单
位按批复预算中的支出规定,组织其支出的活动。通俗地
说,是指气象部门按预算中的支出规定,控制好预算、用好
预算的活动。

毋庸置疑,一经批复的预算便具有法定的效力,部门和
下属单位就必须按照预算的支出方向和支出量来安排使用
资金。具体地说:

(1)按照预算中的用款方向使用资金

现阶段,气象部门的资金支出分为基本支出、项目支出
(包括行政事业支出和基本建设支出)、经营支出和对附属
单位补助支出等四类。相应地,这就必须在预算所规定的
支出类别中支出资金,不得"张冠李戴",改变资金的用途。

(2)严格按基本支出标准体系办事

2005年,国家财政部已经建立了中国气象局、省级气
象局、市级气象局和县级气象局的基本支出标准体系。基
本标准体系所规定的诸如基本支出和业务维持费支出、基
层气象台站建设、仪器设备配置更新、车辆配置等标准,均
具有法定效力。这些标准乃是气象部门及其下属单位确定
支出量的依据,必须严格执行。但若标准与现实存在着差

距,也只能是经过法定程序,在修订标准后予以更改。

3. 组织预算平衡

就气象部门而言,组织预算平衡是指,组织其部门的实际收入与支出,使之同预算的收入与支出相一致,借此达到没有部门赤字的活动。

应该明确,预算平衡只是总量的平衡,而总量平衡则是通过局部的不平衡以及局部的的调整来实现的。这是因为,批复的预算是部门收支的事先计划,而形成这一收入与支出的具体内容,会因其条件的变化而变化。这也就是说,在预算执行过程中,只有不断地做出局部的调整,才能实现总体收支平衡。

经验证明,预算的局部调整是一种常态,其局部调整主要有两方面:

（1）创收结构的调整

自筹资金源自部门创收。由于宏观国民经济的变化,中观部门所经营的行业经济的变化,以及微观相同行业中企业竞争能力的变化,总之一句话,市场条件的变化,以及气象部门产业经营者对市场的敏感性、应变能力和应变条件的变化,均会引起经营中部门创收量的变化,从而会引起自筹资金的变化。为了适应变化了的主观与客观条件,部门需要做出创收结构的调整。

（2）支出结构的调整

计划中的气象服务需求,总会因天气与气候状态的变化而变化。在气象灾害频发的今天,气象服务的需求变化的不可预见已成为常态。比如,2010 年出现的春旱、夏旱和随之而来的水灾,以及降雨所引发的泥石流等,即导致了计划不及的新的气象服务需求。因而在预算执行中,面对气象服务新需求的出现,部门亦需要做出支出结构的调整。

一般地说,预算局部调整的方式有动用预备费、追加(减)预算、经费留用以及预算划转等四类。在实际的管理生活中,不论采用何类调整方式,预算调整均需执行《中华人民共和国预算法实施纲则》第六十二条的规定:"各部门、各单位的预算支出,必须按照本级政府财政部门批复的预算科目和数额执行,不得挪用;确需作出调整的,必须经本级政府财政部门同意。"

(三)决算

决算是指对预算执行的总结的活动。就气象部门的决算而言,它是根据年度预算执行的结果而编制出的年度会计报告。在报告中,"收入"反映出气象部门的资金来源、构成和资金积累水平,"支出"反映出气象服务的生产和再生产的水平、规模和速度。在投资控制的意义上,气象部门的决算,是其投资全程控制的最后环节,亦称作反馈控制。

1. 决算草案的编制和审核

决算草案是指,各级政府、各部门、各单位编制的未经法定程序审查和批准的预算收支的年度执行结果。

《中华人民共和国预算法》对部门决算草案的编制和审核做出了明确的规定。其中,第六十条指出:"编制决算草案,必须符合法律、行政法规,做到收支数额准确、内容完整、报送及时。"第六十一条还规定:"各部门对所属各单位的决算草案,应当审核并汇总编制本部门的决算草案,在规定的期限内报本级政府财政部门审核"。

同时,关于决算草案编制的原则、方法、报送期以及决算的报表格式,也均有明确的法定要求。这就是,《中华人民共和国预算法实施条例》第六十五条规定:"财政部应当在每年第四季度部署编制决算草案的原则、要求、方法和报送期限,制发中央各部门决算、地方决算及其他有关决算的报表格式"。

实践证明,气象部门及其下属单位的决算草案的编制和审核,也必须执行上述法律、法规的规定。无疑,这是气象部门所承担法律义务和责任的必然要求。

2. 关于气象部门近几年决算的简明分析

以 2004—2008 年为例,依据《气象统计年鉴》的统计资料,我们能够清晰地看到气象部门收入与支出的结构状况。

气象服务部门 2004—2008 年的收入结构,参见表 9-1。

表 9-1 2004—2008 年气象部门的收入结构一览表

年 收入结构	2004	2005	2006	2007	2008
中央政府 拨款(%)	68	59	58	59	57
地方政府 拨款(%)	19	23	21	20	20
部门创收(%)	13	18	21	21	23

从表 9-1 我们看到：

（1）在 2004 年至 2008 年的五年内，在气象部门的全部收入中，中央政府的拨款平均占收入的 60.2％，地方政府的拨款平均占收入的 20.6％，部门创收平均仅占 19.2％。这充分说明，中央性气象服务公共产品和地方性气象服务公共产品，其生产和再生产主要来自于政府拨款，气象部门的创收只是其不可或缺的辅助收入。

（2）为确保气象部门的收入，气象服务部门必须坚持两方面的努力：一是强化对气象服务的社会需求，为社会提供出准确、可靠、有用的气象服务；二是强化对气象部门经营性产业和实体的管理，提高其资金利用效率。

自 2006 年起，由于《气象统计年鉴》在"支出"的统计口径上有了新的变化，将"支出"划分为基本支出、项目支出、事业单位经营支出、对附属单位补助等四大类。按新的统计口径及《气象统计年鉴》提供的数据，我们编列了 2006—2008 年气象部门的支出结构一览表（表 9-2）。

表 9-2　2006—2008 年气象部门的支出结构一览表

支出　　年	2006	2007	2008	平均
基本支出(％)	51.044	49.401	44.865	48.437
项目支出(％)	35.332	38.439	41.30	38.357
经营支出(％)	13.621	12.157	13.832	13.203
辅助支出(％)	0.003	0.003	0.003	0.003

从表 9-2 我们看到：

（1）在 2006—2008 年的三年间，基本支出和项目支出两项的年平均支出约占总支出的86.79％。这表明,资金收入的主体流向是气象服务的生产和再生产;支出是为了满足社会对气象服务的需求;支出和收入(即投资)两者相互匹配,实现了政府拨款的目的。

(2)在2006—2008年的三年间,部门创收年平均占到全部年收入来源的19.2％,支出平均占到全部年支出的13.203％。收支品迭(收支相抵)为5.997％,反映出经营性资产对气象服务的生产和再生产做出了一定的贡献。但是,尚需精打细算;只有在总支出中尽力降低经营性支出的比重,才能作出更大的贡献。

通常,决算的收支品迭能客观地反映出部门开源节流的状况。2004—2008年,气象部门决算的收支结余可参见表9-3。

表9-3　2004—2008年气象部门的收支结余一览表

单位:万元

年份	2004	2005	2006	2007	2008
上年结余额	40566.66	225825.77	149772.163	179673.82	259322.06

我们看到,自2004年到2008年里,气象部门年年皆有结余。应该说,开源节流是不错的,收支控制是较好的。

二、气象服务项目经济评估

项目经济评估是项目可行性研究的重要内容,它包括项目财务评估和项目国民经济经济评估两方面。在项目评估中,项目经济评估被首先运用在公共投资的项目评估上。

1975 年,世界银行发表了《项目的经济分析》,之后,项目经济评估在非公共项目的投资可行性研究中亦广泛地被采用。

(一)项目经济评估的含义

当前,学术界关于项目的定义尚未有统一的表述,有的将其定义为:组织为实现既定目标而开展的一种具有一定独特性的一次性工作。有的则将其定义:为创造特定的产品和服务而开展的一次性努力。抛开学者们所给出定义的差异,从其定义的共性出发,我们以为,具有目的性、一次性、特殊性的人类活动,皆可称之为项目。

据《气象统计年鉴》刊载,现阶段,在气象部门的年总支出中,项目支出一般占年总支出的 38% 以上,是仅次于基本支出的第二位支出。但是,《气象统计年鉴》所称的项目,是指政府所投资的气象公共项目,它包括业务项目和基础设施项目。如果按项目的一般特性来概括气象部门的支出活动,那么,在其基本支出和经营支出中,大凡具有目的性、一次性、独特性的活动亦应被称为项目支出。这样,气象部门的项目支出还应该包括在经营支出中的企业的投资项目,以及经营实体的固定资产投资项目等非政府投资的项目。

(二)纳入经济评估的项目

《气象部门项目论证和评审工作方法》第二条规定:"总投资(或总经费)在 50 万元及以上的项目均需经过项目建设(或实施)单位自行组织的论证和审批单位的评审。"这就是说,在气象部门中,纳入经济评估的项目,既包括气象服务公共项目,又包括气象部门的经营性建设项目。

然而,值得注意的是,气象服务的公共项目的经济评估更为重要。这是因为,公共项目是气象部门实现气象公共产品和准公共产品的扩大再生产的活动,皆由政府全额给予投资。可见,要想将政府投放到气象部门的有限资金,使用在社会最需要的气象服务的生产和再生产之中,就需要有效地开展项目评估。例如,在 2008 年,全国各省(区、市)气象局和中国气象局直属单位,申请基础建设项目共 1122 个,申请中央总投资 16.47 亿元,经项目评估之后,最终安排出 586 项目,建设投资确定为 4.50 亿元[22]114。

在投资的意义上,项目支出是投资人对项目的投资;项目支出决策也就是投资决策和投资人对项目投资量的控制;项目的投资决策是通过项目评估实现的。实践证明,在项目评估中,项目经济评估是项目评估的主要内容和主要方法,它包括相互依赖的项目财务评估和项目国民经济评估两部分。

三、气象服务项目财务评估

项目财务评估是项目经济评估的重要内容之一,它从项目投资者的角度评估项目的投资及其运营成本。项目财务评估是项目国民经济评估的基础。

通常,项目财务评估包括项目现金流量分析、项目投资估算、运营成本估算以及项目收益估算等内容;其作用是对投资决策和投资控制提供依据。

具体地说,项目财务评估主要是,(1)通过项目收益与成本的评估,论证项目的可行性,为项目投资决策提供依据。如美国 1936 年颁布的《全国洪水控制法》规定:只有当一个项目产生的收益大于成本时,项目才是可行的。(2)通过对项目投资规模与成本构成的评估,为投资计划的制定和投资(成本)控制提供信息和数据。

(一)项目现金流量分析

项目现金流量是指,在项目计划期内所发生的同项目直接有关的各项资金的流入与流出的总称。

项目现金流量的分析是各项资金流入与流出的分析,具体包括:项目投资、运营成本、销售收入、税金、利润。其中,销售收入、税金、利润三项可概括为项目收益。

项目现金流量的分析还可概括为项目的投资、成本和收益分析。

气象公共项目现金流量分析,可以抛开收益分析而简化为投资和成本分析两方面。这是因为,气象公共项目不同于一般经营项目。具体地说,气象部门的基础设施项目仅是为了改善和提高气象公共产品的生产能力,而业务项目虽然旨在为社会提供新增的公共产品或准公共产品,然而,新增的公共产品不通过市场交换,新增的准公共产品只需让消费者分担成本。所以,分析项目收益既无意义,也无项目产品的资金流入、流出的客观依据。

但是,这并不是说气象公共项目收益不需要评估,只是这种收益不是财务评估的内容,而是项目国民经济评估的内容。因为,在经济学的意义上,气象服务的收益表现为社会福利水平的改善或提高。比如气象部门 2007 年的三峡项目、西北人工增雨项目、西藏自治区气象自动站项目[26]；2008 年救灾项目等,其所取得的收益并不是销售收入、税金和利润,而是表现为社会福利水平的提高。在项目国民经济评估时,评估项目是否提高了社会福利水平,以及是否提高了成本,则是项目经济可行性的依据。

值得强调的是,气象部门经营性项目的财务评估,除了要评估其投资和成本之外,还需要对其项目收益重点进行分析与评估。

(二)项目投资的估算

项目投资是指项目固定资产投资、流动资金投资和建设期利息资本化之和。

要指出的是,气象公共项目的投资来自于政府的全额拨款,因而不会出现贷款利息;气象公共项目不产生经营性的产品或服务,自然项目在其运营周期中不会出现现金、应收账款、存货等流动资产,因而相应地也不会有流动资金占用。所以说,资本化的利息及流动资金投资,可以不予考虑。公共项目投资的估算亦由此与经营性项目投资估算不同,可简化为固定资产投资的估算。

在项目财务评估中,固定资产投资的估算一般有:(1)类推法。类推法是按同类项目的固定资产投资额而推算出拟建项目投资额的估算方法。(2)详细估算法。它是对形成固定资产工程费、设备费和其他费用(预备费及其他)先进行详细的估算,之后,再进行费用的加总。无疑,在上述两种方法的比较中,类推法的精度要低于详细估算法。

在详细估算法中,工程估算费和设备费的估算,一般由下述公式计算：

　　工程费＝单位工程估算价格×单位工程量×修正系数

　　设备费＝项目所需设备完全单价×设备数量

　　在详细估算法中，其他费用的估算包括两部分：一是预备费用估算，二是以政府规费为主的其他费用。

　　预备费用包括项目的基本预备费和涨价预备费。项目的基本预备费用工程费和其他费用之和，再乘以项目风险损失的大小和概率，即可得到估算结果；而涨价预备费则需要根据投资所在国家发布的预测投资品之物价上涨指数来估算，国际通行的涨价预备费的具体估算如下式：

$$P_E = \sum_{t=0}^{n} I_t + [(1+f)^t - 1]$$

　　式中，P_E表示涨价预备费；I_t表示建设期第 t 年的投资计划额；n 表示建设期年份数；f 表示年均投资价格上涨率。

　　还有，其他费用包括，项目建设中所涉及的政府规定的各类规费。这类费用按国家的规定计算。

　　还要特别强调的是，在对气象经营项目的估算中，绝不能只是估算固定资产的投资。因为，在项目运营期中，气象经营项目有可能会出现流动资金的占用，又有可能出现贷款而形成资本化的利息，所以，针对此类项目，需要对流动资金投资和利息资本化做出专项估算与评价。

（三）项目运营成本的估算

　　项目运营成本是指项目全部经营性费用的支出。它包括原材料、燃料及动力费、工资及福利费、修理费和其他费用等四大类。

不同类的支出有不同的计算方法：原材料、燃料及动力费拟按年消耗定额乘以消耗品单价来进行估算；工资及福利费的估算，则按项目的全部定员人数乘以人均工资及福利费标准来估算；修理费按设备折旧额的一定比例估算；其他费用（如管理费用等）可按有关规定估算。

（四）项目收益估算

气象部门的经营性项目需要估算项目收益，其中包括估算产品销售收入（或提供劳务的收入），估算应交纳的项目所涉及的消费税、营业税、城建税、教育费附加、企业所得税等法律、法规所规定的税负，同时还要估算项目的税前利润和税后利润。

经验证明，除了估算效益而外，还需要采用相关的评价指标评估。常用的静态评估指标有静态投资回收期、总投资利润，资本利润率、投资收益率、流动比率、速动比率等。

四、气象服务项目国民经济评估

项目国民经济评估是项目经济评估的又一重要内容。它是一项从社会经济效益的角度来评估项目经济可行性的活动。经济可行性是项目可行性的前提。

（一）项目国民经济评估

一般地说，项目国民经济评估的目标有三方面：（1）保证项目能增加国民收入；（2）保证项目能合理配置国家和地区资源;(3)保证项目具有风险承担能力和规避能力。

　　为实现上述目标,项目国民经济评估的重要内容是项目国民经济效益与费用的分析和评价,或者说,项目国民经济评估的重要内容是项目对国民经济的净收益,即国民收入增加状况的分析评价。因此,这就需要用"影子价格"来调整财务评估中所使用的基础数据,比如,对投资、销售收入、生产成本、固定资产折旧等来按影子价格给予修正。

　　影子价格,亦称预测价格、计算价格、机会成本,等等。它来源于运筹学中的线性规划理论。在项目"成本—效益"分析和社会资源配置效率的评估中,其所使用的价格即是影子价格。在项目国民经济评估中,影子价格是对项目需使用的各种资源的一种合理的经济估价。它反映的不是资源的市场价格,而是资源的社会边际成本的价格、资源的经济价格。

　　影子价格有两大类。一是货物影子价格,其中包括外贸货物和非外贸货物两个子类影子价格;二是资源影子价格,其中包括劳动力、土地资源、资金和外汇等四个子类影子价格。项目管理学对各类影子价格,均提出了相应的计算式,这里不再赘述。

　　评估国民经济的效益和费用,除了按影子价格计算其效益和费用外,还需要从国民经济的角度,来分析和评价项目产生的外部效益和社会成本,即项目所带来的外部效用和社会成本(又称间接效益或间接费用)。

　　项目国民经济评估的核心内容是:(1)计算评估的动态指标,即计算资金时间价值的经济指标。如项目经济净现值,项目经济内部收益率等。(2)计算评估的静态指标,即项目投资净收益率和项目投资净增值率。对上述指标的绝对值、相对值的评判,动态和静态的评判,是判断项目经济可行性的依据。如在绝对数指标中,项目经济净现值必须大于,或等于零;在相对数指标中,项目经济净现值必须大于或等于某个既定的百分数,等等,唯其如此,项目才将会具有可行性。

(二)公共项目的国民经济评估

无论是政府投资的公共项目,还是非公共项目(西方经济学把这类项目叫作私人项目),两者皆会产生一连串的消费性收益,从而均需要遵循国民经济评估的一般要求,均需要评估项目收益及项目对国民经济净收益的贡献。但是,值得强调的是,在评估项目收益和项目净收益之时,公共项目却有自身的特殊性。

首先,间接收益的评估意义重大,它成为项目可行性的基本依据。因为公共项目追求的目标是提高社会福利水平,是项目对国民经济和社会发展的贡献,而不主要是项目产出物,即产品或劳务自身所获得的收益和利润。这也就是说,对某些公共项目而言,间接收益评估往往会比项目产出物所获得收益的评估更为重要。如美国的阿波罗登月计划,其直接的收益、有形的收益以及无形的收益均并不明显,但是,其所导致的空间技术的进步,其所获得的国际声誉等间接的、有形和无形的收益,却成了可行性的关键因素。

其次,项目收益的估算是一个复杂的技术问题。国民经济评估的重要方法是"成本—收益"分析法。一般地说,公共项目的建设成本（投资）和营运成本虽能准确计算，但其收益却难于准确计算。因为公共项目产出物（产品或服务）要么是公共产品，要么是准公共产品；前者没有市场价格，后者却是包含消费者剩余的低于边际成本的价格。显然，这都不能作为计算产品或劳务收入的依据。为要对各种收益进行比较，我们必须采用共同的层次和标准，因而需要用市场价格把它们转化成为可资比较的货币单位。这样，收入的市场价格的确立就成为评估中复杂的技术问题。

由政府投资的气象公共项目的国民经济评估，同一切公共项目一样，它存在着上述两方面的特殊性，而且特殊性更为明显。现以建设 157 部多普勒天气雷达监测网的项目为例来做说明（参见表 9-4）。

表 9-4　建设 157 部多普勒天气雷达监测网成本效益分析

效益成本类型		效益	成本
直接	有形	(1)雷达监察能力从 100 千米提高到 200 千米。 (2)提高了天气预报、警报准确率，进而提高了社会减灾、防灾能力。	建设成本 60 亿元[26] 运行成本
	无形	提高了社会对气象服务的认可度。	
间接	有形	减少了气象灾害的损失，获得了气象资源的增益。	使用气象信息的成本
	无形	维护了公民的健康。	

在表 9-4 中，"直接"是指气象部门，"间接"是指气象部门外的部门和社会公众；"有形"是指明显的、直观的效益或成本，"无形"是指不明显的、不直观的效益或成本。

在表 9-4 中的效益栏里，我们可以看到，气象公共项目的效益集中地体现为社会经济效益，即减灾防灾的经济效益和利用资源的经济效益；同时，在效益栏里，也展示出效益计量的复杂性，如减灾的所减少的损失值，涉及生命价值的计算；财产损失减少值涉及灾害覆盖区的居民、企业和事业机构等组织，难以精确地统计计算；同理，收益值的计算也是很困难的。可见，直接的有形效益和无形效益的货币化，间接的有形和无形效益的货币化都是复杂的技术问题。这就清楚地表明，在气象公共项目的国民经济评估中，效益货币化的技术处理，乃是一件极其复杂而又必须妥善处理的大事。应该说，这是国民经济评估重要的理论和实践课题。

第十章　气象服务经济效益的基本理论

一、气象服务经济效益的基本概念

(一)经济效益

1. 经济效益的含义

"经济效益"一词源于西方经济学。

西方经济学认为,经济学有双重主题:一是稀缺;二是效率。稀缺是指社会拥有的资源(物品)相对于社会需要而言总是有限的;效率是指,社会如何最有效地使用社会资源以满足人们的愿望和需要。

假若把上述经济学的双重主题结合起来,则自然就变成了三个问题:一是社会如何使用稀缺资源来生产什么?二是如何生产?三是为谁而生产?经济学认为,"要回答这三个问题,每个社会必须就经济的投入和产出做出选择。[4]6"这就是说,生产什么、如何生产和为谁生产,只有通过投入和产出的评价,才能进行选择和决定! 由此,投入和产出的比较即成为合理利用资源的量标,成为生产社会产品的依据。学者们把这量标与依据称之为经济效益。

2. 经济效益的量度

投入既可以用实物形态来量度，又可以用货币形态来量度。用实物形态来量度指的是，在生产物品和劳务过程中所使用的物品和劳务，即生产要素；用货币形态来量度指的是，实物形态的货币价值，或生产要素的货币价值。

产出的量度亦然，产出的实物形态指的是，生产过程结束时所创造的各种有用的物品和劳务；产出的货币形态则是指产出物的货币价值。

3. 经济效益派生的三个概念

用经济效益概括投入与产出的比较，可以派生出三个不同的经济效益的概念：

负经济效益。投入大于产出，称为负经济效益。负经济效益造成了稀缺资源的浪费，其生产行为是不经济、不可行和不理性的。

正经济效益。投入小于产出，称为正经济效益。正经济效益的生产行为是经济的、可行的和理性的。

零经济效益。投入等于产出，称为零经济效益。零经济效益的生产行为无意义，无经济性可言。

4. 经济效益的坐标图表示

用坐标图形象地描述经济效益，如图 10-1 所示。

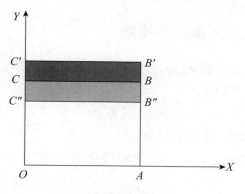

图 10-1　经济效益图示

图 10-1 中，OX 表示投入，OY 表示产出，四方形 $OABC$ 表示产出区或投入区。

当 $OA = OC$ 时，产出或投入区均为 $OABC$，效益为 0，称之为"零效益"；

当投入为 OC'，产出为 OA 时，$OC' > OA$，投入区为 $OAB'C'$，产出区为 $OABC$，效益为 $CBB'C'$，效益为负，称之为"负效益"；

当投入为 OC''，产出为 OA 时，$OC'' < OA$，投入区为 $OAB''C''$，产出区为 $OABC$，这样，效益区为 $C''B''BC$，效益为正，称之为"正效益"。

要指出的是，由于生产除了产出的经济物品而外，还会产出外部效应，如对生态环境的影响或对社会福利的影响。学者们把这种外部效益同投入的关系，分别称之为环境效益或社会效益等。一般地说，人们在考察投入产出效益时，除了考察经济效益之外，还需要结合考察生产或劳务行为的环境效益和社会效益。

(二)气象服务经济效益

气象服务经济效益是气象服务生产的投入和产出的比较,即投入产出比。

同一切投入一样,气象服务投入既可用实物形态来量度,又可用货币形态来量度:

(1)以实物形态量度,气象服务投入包括气象服务生产过程所需的一切物质生产要素,如劳动、劳动手段、劳动对象和气象科技信息等。在现阶段,若以实物形态来量度,产出则包括气象服务部门所提供的各种产品的服务量,如公众气象服务产品、决策气象服务产品、专业气象服务产品、人工影响天气服务产品、气候资源开发利用产品等的服务量。

(2)以货币形态量度,其投入则是指投入的物质要素的价格总和。以货币形态来量度的产出则是产品量的货币价值。

投入和产出比较,乃是投入量和产出量的比较。由于实物形态的投入量和产出量是不同名数,而不同名数又不能做出量的比较。因此,投入产出的比较,只能将实物形态转化为货币形态,这就是说,经济效益的计量评价,只能通过投入的货币量和产出的货币量来进行比较。

若气象投入量为 G,产出量为 W,经济效益为 E,气象服务经济效益即可用下式表示:

$$E = \frac{W}{G}$$

（三）气象服务的效益系统

同一切生产与劳务所获得的效益一样，除了经济效益之外，气象服务的效益还包括社会效益和环境效益。

气象服务产品的生产，还直接关系到气象科技水平和气象劳动者智力水平的提高。因为实践反复证明，科技的发展同科技信息的累积量直接相关；科技信息累积程度愈高，科技发展速度愈快，其劳动者的水平亦将愈高。气象科技的发展也同样如此，它同样依赖于气象信息量的累积。

还有，由于气象服务是知识密集型产业，气象劳动者的劳动，因而从总体上说是一种复杂的劳动。加之气象劳动者智力水平的提高，同劳动者所获得的信息量又存在着直接的正相关关系。这样，气象服务产品的生产愈多，气象劳动者的智力水平增长得就愈快。所以，在气象服务的效益中还包括智力效益。

综上可见，气象服务效益是由社会效益、经济效益、环境效益和智力效益所构成的效益系统。同时，在经济学的意义上，经济效益处于效益系统的核心。

二、气象服务经济效益的特征

特征是一事物与他事物相比较所呈现出的差异性，或者说是其自身的特殊性。气象服务同其他生产和劳务的经济效益相比较，其经济效益的性质、评价途径和投入产出关系等三方面均有着显著的特征。

(一)气象服务经济效益与社会经济效益的一致性

外部性是经济学的一个范畴。它的意思是说,在市场经济条件下,"企业或个人向市场之外的其他人所强加的成本收益。[4]28"按成本或收益的性质,外部性划分为正外部性和负外部性两类。正外部性降低社会成本,增加社会收益,如科学技术创新,其所带来的是产品的成本降低与社会收益的提高;负外部性增加社会成本,降低社会收益。学者们把这种因提供生产或服务所强加给社会的成本或收益称为社会经济效益,正外部性的社会经济效益为正,负外部性的社会经济效益为负。这样,人们在评价生产或劳务提供者的经济效益时,还需要评价其社会经济效益。

气象服务与其他行业经济效益相比,其显著的第一位的典型特征是其正外部性,是自身的经济效益与社会经济效益的一致性、同一性。这是因为,气象服务是向社会提供关于天气和气候的信息服务,这种服务的产出是其社会经济效果,具体地说,主要有三方面:

(1)维护人类赖以生存的大气环境,改善大气环境的质量,提高社会福利水平,促进社会进步;

(2)预防和降低气象灾害的损失,维护人民生命和财产的安全,为国民经济的有序运行,提供气象保证;

(3)利用天气和气候资源,利用不费分文的自然生产力,提高社会生产力。

产出的社会经济效果的性质,自然决定着气象服务的经济效益是社会经济效益。

气象服务经济效益与气象服务社会经济效益的一致

性、同一性表明,气象服务经济效益愈高,气象服务对国民经济和社会发展的贡献则愈大。千方百计地提高气象服务的经济效益是气象服务的宗旨。

(二)气象服务经济效益评价途径的特殊性

经济效益是投入货币量和产出货币量的比较。同其他产品生产或劳务活动所投入的货币量一样,气象服务所投入的货币量可以通过生产要素的货币价格来计量,但是,其所产出的货币量却与其他产品或劳务的产出货币量的计量存在着显著的差异。

一般的产品或劳务通常是通过商品形态来向社会提供的。用西方经济学的语言表达,它们是私人物品。它们要通过市场交换(通俗地说是通过买卖),由实物形态转化为货币形态,最终转化为一定的货币量。这样,商品或劳务的提供者则可以直接地进行投入货币量和产出货币量的比较,直接进行经济效益的评价。

但是,气象服务的产出物即各种气象信息产品则不同,它们要么是公共产品,要么是准公共产品,其物质形态不能或不完全能通过市场转换为一定的货币量。为进行投入货币量和产出货币量的比较,自然就需要通过技术手段或科学的估测方法,使实物形态的气象产出转化为货币形态的气象产出。例如,运用西方经济学中的影子价格理论,用科学的估测方法计量出消费者对气象服务的支付意愿等。这就是说,对气象服务产出的货币计量需要采取间接的途径。

更为重要的是,气象服务是一种信息产品,其经济价值是使用气象信息服务所产出的新增财富。新增财富主要包括气象服务信息用于用户生产上和生活上所产生的财富增量，以及为避免和降低气象破坏力所减少的财富损失量。在实际的经济生活中，这两种财富增量均存在于气象信息被使用的过程中。准确地说，存在于消费气象服务的过程中。或者再换句话说，气象服务的经济价值是通过用户对气象服务信息的使用来实现的，即通过公众和国民经济各行业的经济行为来实现的。这样，逻辑的结论必然是，要评价气象服务的经济价值，就需要评价气象服务所产生的公众经济价值和其他行业的经济价值。气象服务公众经济价值和行业经济价值是气象服务经济效益评价的两个量标。再投入和不平衡是这两个量标的特征。

气象服务信息的被使用，如同其他信息的被使用一样，即使用时需要追加投入。比如，砖瓦厂在获得气象服务部门关于大风雨预报的信息后，就需要投入劳动和设备，以遮盖砖坯瓦坯，避免损失。可见，适度的再投入，是形成气象服务经济价值的因素之一。

不同的用户对气象信息的敏感性存在差异，进而对气象服务的需求也有所不同，自然其所形成的经济价值也会不尽相同。这就是说，不同性质的用户所形成的经济价值具有不平衡特征。以气象服务的行业经济效益为例，由于各行业的性质不尽相同，因而各行业与大气环境和气象资源的关联程度，或者说敏感性也就会不同。例如，许小峰等在其《气象服务效益评估理论方法与分析研究》一书中指出："以各行业生产对气象条件敏感度和气象服务效用大小为标准，经初步分析确定在林牧副渔业等 20 个行业为其气象服务的主要行业。[27]"这样，由于敏感性的差异，依赖于气象服务的程度自然就不会相同,进而由使用气象服务产品所产生的经济价值无疑也就会存在差异。

(三)气象服务的投入与产出关系的特殊性

前已述及,投入与产出的关系有三种情况,一是投入大于产出,二是投入等于产出,三是投入小于产出。与此相应,经济效益有负经济效益、零经济效益和正经济效益之分。追求正经济效益是一切生产和劳务的提供者所期望的。

在国民经济的各行业中,气象服务经济效益与其他行业经济效益相比,正经济效益是其鲜明的重要特征。

在气象服务的生产中,一般不存在"三废"即废水、废气、废渣问题,自然,气象服务也就不存在负产出的问题。负产出是指对环境和他人福利所造成损害的产出物。在第一产业、第二产业和第三产业中的许多行业,一般均会有负产出的存在。如汽车的尾气和噪声,农药的沉淀,生产与服务的废渣、废气和废水,等等。

气象服务产出的社会效果,能促进经济和社会发展。比如减灾防灾、创造财富、提高社会福利水平等。没有负产出以及产出的社会效果表明,其经济效益的特征必然是正经济效益。

气象服务产品的生产具有科学研究的性质。在我国《国民经济行业分类》(GB/T 7454—2002)中,气象服务被归在 M 类,即科学研究、技术服务和地质勘查类,通称为技术服务。

具体地说,气象服务的技术服务的内涵,是关于大气运动的规律的探索和认识。这一特殊性的内涵,使得气象服务的生产既具有不同于一般生产的特殊性,又具有不同于一般服务部门的特殊性,因为它的"废品"具有科学认识论的价值。如天气预报中的非主观失误而出现的误报和错报,即一定的错情率就是如此。毋庸置疑,大气运动有其内在规律,而人类对于大气运动的规律的认识与把握,只有通过无数次的"错情"才能最终地接近于真理性的认识(显然,始终不可能达到绝对真理的地步)。所以说,错情,即气象服务的产出物,虽然对消费者无用,但对气象科技的发展却是有用的,即可视为是有用的积极成果!也正是在这个意义上,其产出亦可视之为"正"。

三、气象服务经济效益的意义

大气的各种现象及其变化,既会造福于人类,又会给人类带来灾害,直接影响着人类的生产和安全。自然,气象服务产品的生产及其效益问题,由此也就有着重大的宏观意义;同时,同其他一切经济活动一样,气象服务亦需要以最小投入而获得最大产出;效益问题会始终贯穿于气象服务的全过程。由此,这对于气象事业的健康发展又有着重要的微观意义。

(一)国民经济接轨的中介

气象服务的产出成果,或者说,气象服务的经济效益是气象服务与国民经济接轨的中介。

这是因为,气象服务效益的高低,直接关系着气象资源的利用程度和气象灾害的防治程度,关系着社会经济的健康运行;其次是,气象服务效益的高低,直接关系到使用气象服务产品的经济效果,关系着同气象条件有关的国民经济各行业的经济活动状况。

(二)效益大小是公共资源配置的依据

气象服务产品的公共产品或准公共产品性质,决定着中央政府和地方政府必须要重视气象服务部门,必然要把手中所掌握的财政资源,一定量地配置到气象服务部门。统计数据表明,在我国,各级政府对气象服务部门内的投资,每年均占气象部门总投入的80%以上。

世界各国的财政资源的配置实践表明,财政资源的配置依据是,满足配置资源地区的公共产品的需求,以提高社会福利水平;而福利的覆盖范围和福利的实现程度,是制约公共资源配置量中的两个变量。气象服务部门作为公共产品和准公共产品的生产者与提供者,政府在配置其资源之时,自然必须是按其服务的范围、程度,即按所提供的服务产品量和服务的效果来投入资源。不言而喻,气象服务经济效益的大小,是政府财政拨款的基本依据。

(三)效益贯穿于气象服务的全过程

气象服务生产过程包括生产准备阶段、生产阶段、产品向消费转化阶段,即生产的全过程需要少花钱、多办事,都有经济效益贯穿其中。

为开展气象服务生产而进行的物质生产要素的购买阶段,是生产准备阶段。在这个阶段上,生产要素的价格选择,关系到货币投入量的大小;生产要素的质量选择,关系到气象服务产品生产的质量高低。选择的标准和选择的后果均有一个效益问题贯穿其中。

生产阶段是直接生产气象服务产品的阶段。在这一阶段,既要解决物化劳动和活劳动的节省和节约问题,又要解决劳动分工、劳动和设备的组合等问题。显然,其中心仍然是个效益问题。

生产阶段后的气象服务产品的传输、发布、分配等领域和环节,即产品转化为消费的阶段,同样无一不需要考虑效益。

(四)效益是气象服务部门管理的实质所在

气象服务的各级部门,需要合理组织好生产力的要素,处理和解决好服务活动中物与物、人与物之间的技术联系,处理和调节好部门内各机构间的关系以及人们之间的经济利益关系。实践证明,气象服务部门既需要解决生产力的管理问题,又需要解决生产关系的管理问题。而解决问题的出发点和归宿,皆在于提高生产效率,最终也就是要落实在提高气象服务效益之上。

在日常工作中,人们常说"要向管理要效益"。管理是一种生产力!自然,生产力的水平高低,会表现出劳动生产率的高低。因此,管理问题的实质就是追求效益;而经济效益又正处在效益系统的核心位置之上。无疑,这对于气象服务部门的效益来说,情况亦正是如此:

气象科技向生产力转化的中介是管理。管理的目的是什么?管理就在于更好地利用气象科技成果,最终提高效益。

　　气象服务的多元产品既有统一性，又有矛盾性。只有通过管理来协调矛盾，才能综合提高气象服务的经济效益。

　　气象服务产品价值的实现即气象信息的消费依赖于产品的消费。这表明，气象服务是一种主动的面向服务对象的服务。主动服务既需要靠管理来组织，又需要靠管理者不断强化劳动者的效益观念、特别是经济效益观念予以实现。

第十一章 气象服务的投入量分析

一、认识气象服务的投入量

对事物进行分类是认识和把握事物的需要。气象服务的分类亦然。比如,认识气象服务生产的投资主体,即可以将投入分为政府投入(中央政府和地方政府)和部门投入;认识气象服务投入的来源,可以将投入分为财政拨款(中央财政拨款和地方财政拨款)和部门创收。还有,认识气象把握服务的投入,既可以从经济效益的大小来分析,又可以从产出的角度来认识。

从产出角度认识投入,投入可分为总投入和产品投入。首先,总投入是对生产气象服务产品的投入总体的描述。若以年为单位,总投入所要研究和讨论的是,气象服务部门每年生产的气象服务产品所耗费的生产要素的总量,以及所耗费生产要素总量的货币价值。其次,产品投入所要讨论的是,每一气象服务产品的生产,最终耗费了多少要素、多少价值。

从产出角度认识投入,气象服务产品的总投入和气象产品投入还是两个紧密相关联的投入量:气象服务产品的总投入量虽建筑在每一产品投入量的基础之上,但它既不是单一产品耗费简单的加总,又不是机械的总量和分量的关系。这是因为:(1)从总体上计量气象服务部门在气象服务生产上的投入时,除教育培训费用是必须计量的内容之外,气象服务部门的科研工作,直接或间接地服务于气象服务的生产,亦应该是必须予以如实计量的。(2)在对每一产品生产的投入量进行计量时,既无须在产品的直接生产过程中纳入气象教育培训费和气象科研用费的耗费,亦无必要将气象教育培训费和气象科研用费分摊到每一产品的投入量中去。

前已述及,气象服务产出的经济价值是使用气象服务所产生的新增财富。在这里,必须强调指出的是,在讨论气象服务的投入之时,除讨论其生产投入之外,我们还需讨论其消费投入,还需讨论用户在使用气象服务时所投入的活劳动的耗费以及物化劳动的耗费。当然,同时也需要明确的是,这种投入既不是气象服务生产性的投入,也不是气象服务经济效益的题中应有之义;消费性投入仅仅是制约气象服务经济效益的外生变量。

二、气象服务总投入量

(一)总投入量的含义

气象服务总投入量是与气象服务总产出量相对应的概念。

若以年为产出期,气象服务总产出量,是气象部门向公众、政府、特定用户所提供出的年公共产品和准公共产品的总量。用《气象统计年鉴》中的语言表述,气象服务总产出量,是气象服务部门向社会提供出的年公众气象服务、决策气象服务、专业气象服务、人工影响天气服务和气候资源开发利用服务等五类服务的总量。

同气象服务总产出量相对应,气象服务总投入量的实物形态是指,气象服务部门在总产出量生产的过程中所耗费生产要素的总量;在货币形态上则是指,其所耗费生产要素的货币价值量。

在现有的气象服务体制下,气象服务公共产品和准公共产品分别由中央与地方两级气象服务部门生产;地方又分为省、市(地)、县三级。例如天气预报或警报,有由中央气象台发布的,有由地方气象台发布的。这就是说,气象服务产品的公共性不同,会有其投入主体的不同。相应地,气象服务的总投入量会有两个不同层次的量,即国家气象服务部门的总投入量和地方气象服务部门的总投入量。前者我们称为气象服务总投入量,后者称为地方气象服务总投入量。

要指出的是,在现在和今后的一段时期内,气象服务部门仍将是投入的辅助主体。因而在计算总投入量时,还需计算气象服务部门来自部门创收的投入量。

(二)气象服务总投入量货币价值的内容

气象服务总投入量货币价值,指的是形成总产出量的生产要素的货币价值。

西方经济学一般把生产要素划分为土地、劳动与资本,尽管在道格拉斯的生产函数中又添加了其他要素,但是,生产三要素理论却一直是其主流观点。众所周知,"生产三要素"立足于解释地租、工资、利润的资本主义分配,即它不是从生产过程的角度去认识生产要素,而是从分配的角度认识生产要素。由此,无论是从土地、劳动、资本(或再加其他要素)的角度,来衡量生产的实物形态的耗费,或者还是从实物形态所转化的货币形态来衡量其耗费,均皆是不确切、不准确的,亦是不符合科学性要求的。

与西方经济学不同,马克思主义经济学从生产出发来认识生产要素,并将生产定义为:劳动借助于劳动手段作用于劳动对象,使之发生形态或位移的过程。从这个定义出发,活劳动和物化劳动(又称死劳动)自然是生产的两大要素。所谓活劳动是指正在使用的劳动,所谓物化劳动,是指过去的劳动的凝结物,即用作劳动手段和劳动对象的物品。

在实际的经济生活中,任何生产或服务的投入与耗费都是活劳动和物化劳动的投入和耗费。气象服务产品的生产也同样为此。

气象服务产品生产虽然并没有使它的劳动对象——大气状态发生变化与位移,但是,它仍然是气象服务劳动者,在一定场所内,借助于探测大气状态的各种设备、仪器以及信息传输工具等劳动手段,来认识大气状态的过程。生产过程的结果,促使大气状态表现为由气象要素描述的有关天气信息和气候信息的气象服务产品。由此,这一过程的产出所发生的投入和耗费,仍然是活劳动和物化劳动的投入和耗费。这样,气象服务投入量的货币量或货币价值,就转化为形成产出的活劳动和物化劳动的两部分价值。

马克思主义经济学认为,活劳动的价值由劳动力价值和剩余价值构成,它的现象形态被称为工资和利润。但从投入产出的角度考察，活劳动的价值中只有劳动力的价值，即工资才属于形成产出的投入量，剩余价值只是其产出的增量。在马克思主义经济学看来，这种增量，不费投入者的分文。由于劳动力的价值包括劳动力的教育和训练费用，由于气象服务的生产是一种探测和认识大气规律，具有科研性质的生产活动，因此，今天我们在计量气象服务的活劳动的货币的价值时，除开气象服务部门劳动者的工资之外，还需要计量气象服务部门在气象教育与气象科研上的投入量、耗费量。

同时，马克思的经济学还认为，物化劳动的价值由劳动对象和劳动手段两部分价值构成；劳动对象的价值是劳动作用其上的物品的价值。由于气象服务的劳动对象是不费分文的大气状态，因而也就不存在气象服务的劳动对象的价值计量问题。还有，由于劳动手段的价值包括固定资产的折旧、低值易耗品的价值、各种直接材料与辅助材料的价值等。由此，气象服务总投入的货币价值，自然就应包括气象服务部门的年工资总额、年教育与科研费、固定资产折旧、低值易耗品费、管理费等的货币价值。

三、气象服务总投入货币价值的估算

(一)计量气象服务总投入的货币价值的困难

计量气象服务总投入的货币价值，即是计量气象服务产品的生产要素的总投入量的货币表现，换言之，即是计算气象服务的成本。

　　经济学把产品的生产要素的投入量（耗费量），称为成本，并将其划分为固定成本和变动成本两种类型。固定成本是指，生产某种产品所必须投入的不变的生产要素，如土地、厂房、设备、保险费用、管理费用。这些投入与生产的产品量无关，是不随产量变化而变成的成本；变动成本则是指，随产量的变化而投入变化的生产要素，如直接材料、辅助材料、低值易耗品、直接人工费等。这些投入随生产产量的变化而变化，生产的产量越多，其投入量亦越多。

　　显然，要计量出气象服务总投入的货币价值，也就是要计量出气象服务产品生产的固定成本和变动成本之和。若以年为计量期限，则是计量出其年产品所耗费的固定成本和变动成本之和。

　　我们知道，气象服务分为五大类产出，在每一大类产出中又包含若干异质的不同类型的品种；在每一品种中又包括多种产品。现在，若要对全国气象服务部门（或地区气象服务部门）所生产气象服务全部产品的总投入量，或者说所耗费的总货币量进行计算，那就需要计算出每一产品的成本，然后在此基础上汇总，才能获得所需要计量的数据。

　　要做好这项工作，其前提是气象服务部门需拥有每一产品的成本记录，且其记录又是完整的、无遗漏和可靠的。显然，这在当前是办不到的。因为，在现阶段，仅就产品成本记录的客观性、完整性与可靠性而言，是极不可能而难以实现的！更不用说还需完成大量而烦琐的成本记录的搜集、汇总、整理、归类、计算等项工作。

　　为计算出气象服务生产的总投入（成本）的货币价值，现实要求我们，必须另择途径。

(二)气象服务产品生产总投入量的估算途径

在经济学的意义上,成本是生产或服务所耗费的补偿。其所以是补偿,则源自于生产或服务的提供者所投入的货币量。从这一理解出发,我们以为,对于气象服务生产的成本额,或者说货币数量,即可在气象服务部门的年支出量中,对所有涉及气象服务生产的支出量通过汇总后,最终能近似地估算出来。这一估算不算太困难。因为,《气象统计年鉴》对此提供了相关路径与数据。

《气象统计年鉴》把气象服务部门的年支出划分为基本支出、项目支出(包括行政事业类和基本建设类)、事业单位经营支出、附属单位补助支出等四大类。

事实上,在气象服务的四大类年支出中,一般地,基本支出和项目支出直接服务于气象服务产品的生产;事业单位经营支出是对气象服务部门内经营实体及其投资上的支出。应该说,前者是具有成本性质的支出,后者则与气象公共产品和准公共产品的生产没有关系,即令某些生产或服务与气象服务发生关系,也仅仅是具有商业性质的经营性支出,其目的在于创收,而不是向社会提供出气象公共产品的服务。显然,后者所涉及的气象服务的支出不能由财政"埋单"。这也就是说,即令经营实体有作为气象服务的支出,也应该独立地对成本进行核算,而绝不能与气象服务公共产品和准公共产品的成本混搅在一起。至于附属单位的补助支出,不论其支出用途与气象服务产品生产是否有关,皆由于其份额较小,可不纳入气象服务产品的成本之中。

通过以上分析,我们以为,在全部气象服务的年支出中,可视为成本支出的,仅有基本支出和项目支出两项。

同时,在成本核算的意义上,固定资产的投资与固定资产的折旧是两个不同的范畴。从理论上说,只有固定资产的折旧才进入成本,属于成本。在气象服务的项目支出中,其基本建设类的支出,应属于固定资产的投资;其产生的固定资产,应属于新增的固定资产。由此,基本建设类项目的支出,并不能归入气象服务部门的总耗费、总成本的范围内;所要归入的,仅仅是固定资产的折旧。因为,折旧所反映的是固定资产的磨损或报废,它可以通过固定资产增减情况反映出来。

(三)气象服务产品生产总投入值的估算

鉴于上述分析,气象服务部门年总投入的估算值,或者说,气象服务部门年总成本的估算值,可用下式表示:

年气象部门总投入＝基本支出＋行政事业类项目支出

＋固定资产折旧。

以 2009 年的《气象统计年鉴》中所载的数据为例,该年全国气象服务部门的基本支出为 540108.69 万元,行政事业类项目支出为 464491.47 万元。

折旧额＝年初固定资产额＋新增固定资产额

－年末固定资产额。

2009 年,固定资产的年初数为 1059576.85 万元,当年来自基本建设支出的新增固定资产为 237030.34 万元,两项合计 1296607.19 万元;固定资产年末数为 1243507.01 万元,年初与年末的品迭为当年固定资产的减少额,其为 53100.18 万元,即折旧为 53100.18 万元。则 2009 年气象部门总投入为：

540108.69＋464491.47＋53100.18＝1057700.34(万元)

2009 年总支出为 1408181.33，用于气象服务的支出占其 75.11％。

依据 2004—2009 年的气象统计年鉴的数据，我们再对 2004—2006 年全国气象服务部门气象服务生产的总投入进行计算与分析，编制出表 11-1。

表 11-1　2004—2009 年全国气象服务生产投入一览表

单位：万元

年	气象服务生产总投入				气象服务部门总支出	总投入与总支出比（％）
	基本支出	事业项目支出	固定资产折旧	合计		
2004	254630.19	35695.14	19510.88	309936.21	347261.86	89.25
2005	280079.06	38919.41	15571.03	334569.50	390402.92	85.70
2006	340515.13	235702.38	55645.92	631863.43	667097.81	94.72
2007	432689.33	222271.97	79117.56	734078.86	872335.30	84.15
2008	478996.54	322736.90	50565.95	852299.39	1067641.85	79.83
2009	542108.69	464491.47	53100.07	1057700.23	14081981.33	75.11

表 11-1 表明，在 2004—2009 年的六年间：(1)用于气象服务产品生产的总投入所占总支出的比例，每年均各不相同；(2)用于气象服务产品生产的总投入所占总支出的比例，平均为 84.79％；(3)在 6 年之中，2004—2006 年均高于平均值，2007—2009 年皆低于平均值；(4)2006 年高于平均值近 10 个百分点(9.93％)，2009 年低于平均值近 10 个百分点(9.67％)。

2006 年和 2009 年用于气象服务生产的总支出,其所占气象服务部门总支出的比例偏离平均值,对于这一极端情况,我们以为,这是正常的。

2006 年,气象服务部门用于气象服务产品生产的总投入所占总支出的比例,高于 2004—2009 年平均值 9.93 个百分点。这是因为,当年气象服务产品生产进入到了新的一轮扩大再生产周期的起点。其主要表现在三方面:

(1)气象服务生产总投入增长了 70% 以上。2006 年生产的总投入为 667097.81 万元,同 2005 年的 390402.92 万元相比,增长了约 70.87%。

(2)行政事业类项目支出增长了 5 倍以上,基本支出增长了 20% 以上。2006 年,行政事业类项目支出为 235702.28 万元,同 2005 年的 38919.41 万元相比,增长了约 505.62%;基本支出从 2005 年的 280079.06 万元,增长到了 340515.13 万元,其增长率约为 21.58%。

(3)固定资产更新进入到了一个新的周期。2006 年,其折旧额为 55645.92 万元,同上年的 15571.03 万元相比,增长了约 257.37%。

2009 年,气象服务部门用于气象服务产品生产的投入量所占总支出的比例,低于 2004—2009 年平均值 9.67 个百分点。这是因为,当年在进入气象服务产品生产总投入中的折旧费,实为 53100.07 万元,同上年的 50565.95 万元相比,仅增长了 5 个百分点,变化不大。但是,在气象服务部门的总支出中,用于基本建设的投资却由上年的 118246.78 万元,增至为 212961.15 万元,增长近一倍。这种"一不变,一大上"的支出格局,自然使气象服务产品生产总投入所占总支出的比例下降。更为重要的是,在 2009 年,气象服务生产仍处在扩大再生产阶段,这突出地表现在行政事业项目支出的增长上:当年支出为 464491.47 万元,比上年的 322736.92 万元,增长了约 43.92%。

在排除了极端情况后,我们认为,按气象服务年生产总投入占气象服务部门总支出的 84% 来估算气象服务的投入值具有一定的合理性。

第十二章 气象服务的产出量

一、公共产品的经济价值理论

气象服务产品是一种公共产品或准公共产品,讨论它的经济价值,实际上就是从货币形态的角度来讨论它的产出量。在这里,关于气象服务产品的经济价值的讨论所依据的经济学原理,一是马克思主义政治经济学的商品价值理论;一是西方经济学的影子价格理论和信息价值理论。

1. 马克思主义政治经济学的商品价值理论

公共产品不是商品,准公共产品亦非完全意义上的商品。尽管准公共产品是通过交换才到达使用者手中,但它一般不遵循等价交换的原则,使用者一般并不足额付费。

然而,在市场经济条件下,可用作生产要素或生活消费品的稀缺物品,同样也可以取得商品形式,有了商品价值属性。如无污染的空气、未开垦的土地、可修建电站的河道等,均有其价值形态,有了市场价格,且进入了马克思主义政治经济学的视区内。在《资本论》第三卷中,马克思就用了大量的篇幅讨论了地租和土地价格。可见,马克思的价值理论,也同样是我们认识公共产品或准公共产品的经济价值的理论依据,或理论来源。

马克思主义政治经济学的价值理论,包括劳动价值论和以劳动价值论为基础的剩余价值论。就理解公共产品的经济价值而言,其有关内容主要可以概括为三方面:

(1)商品的价值决定和价值实现。劳动价值论认为,商品的价值是生产商品所耗费的必要劳动的凝结;价值量由生产商品的社会必要劳动时间决定,并随劳动生产力(或者说劳动生产率)的变化而变化;商品价值通过商品交换得以实现,并遵循等价交换的原则。

(2)产品价值的构成。马克思说:"在生产过程结束时得到商品,它的价值等于 $C+V+m$"。式中,C 表示生产过程中耗费的生产资料,即物化劳动的价值;$V+m$ 表示活劳动创造的新价值。其中 V 表示必要劳动的价值,m 表示剩余劳动的价值。

(3)生产价格。生产价格是价值的现象形态,马克思说:"商品的生产价格为 $K+P$。即等于成本价格加上利润。"式中,K 表示成本价格,它是 $C+V$ 的现象形态;P 表示利润,它是 m 的现象形态。

以马克思价值理论为依据,认识公共产品的经济价值,我们可以得出如下结论:(1)公共产品的经济价值不是从天上掉下来的,它是生产公共产品的劳动的凝结,其产品价值仍随劳动生产力的变化而变化。(2)公共产品的经济价值等于 $C+V+m$。(3)公共产品的生产价格等于 $K+P$。K

表示生产公共产品的货币投入量；P 表示公共产品的利润，又是构成公共产品的经济效益的源泉。

2. 西方经济学关于公共产品的经济价值理论

在西方经济学中，公共产品的概念是在讨论市场失灵时所提出的。对公共产品经济价值的理论的阐释，主要有影子价格理论和信息价值理论两方面。

（1）影子价格理论

公共产品不是商品，其经济价值也就不表现为市场价格；准公共产品尽管存在交换行为，但其价格又不能准确地反映出其经济价值。当产品市场不存在或价格被扭曲之时，西方经济学提出了影子价格，并用它来衡量其经济价值。英国经济学家伊金斯在《生存经济学》中指出：为了利用和保护环境，"就得计算环境作用的影子价格，并与商品及服务的市场价格进行比较。[28]"

影子价格，亦称"计算价格""最优价格"或"预测价格"等。在 20 世纪 30 年代末和 40 年代初，荷兰经济学家詹恩·丁伯根和前苏联经济学家列·维·康特罗维奇分别提出了影子价格的理论。这一理论以资源的有限性为出发点，以资源的最佳配置作为价格形成的基础，来对产品进行计价。这就是说，假如当有限的资源按照资源优化配置的标准而配置时，其所生产出的产品的价格，则不应取决于部门的平均消费，而应由最劣等生产条件下的个别消费（边际消费）来决定。这说明，影子价格并不是一种现实价格，而是一种反映社会边际成本的理论价格。

图 12-1 中,OQ 代表公共产品量,OP 代表公共产品的价格,D 代表公共产品需求者的支付意愿曲线,S 代表公共产品供给曲线。

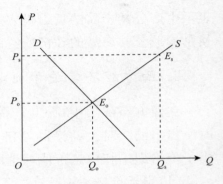

图 12-1　公共产品的影子价格

若社会对公共产品的边际消费需求为 Q_s,Q_s 与 S 对应的点为 E_s,供给与需求的均衡价格则为 P_s。然而,公共产品需求者的支付意愿曲线 D 与供给曲线交点为 E_o,在这个均衡点的供给量是 Q_o,均衡价格为 P_o。这就是说,在 P_o 的价位上,将不可能满足社会对公共产品的需求。若要满足需求,则应由财政向公共产品生产部门提供 P_oP_s 的价格补贴;若公共产品的需求者无需付费,则应由财政提供 P_s 的价格补贴。只有这样,才能实现社会需求与供给的均衡。

由此,P_s 即为公共产品的影子价格。它反映出社会对公共产品的边际消费或边际需求,或者说是边际成本。

(2)信息价值理论

在讨论气象服务的经济性质的内容中,已涉及信息价值理论,这里不再重复。

从公共产品的经济价值理论出发,我们可以构建出气象服务产品的经济价值模型:一是气象服务产品的价值模型;一是气象服务产品的影子价格模型。

二、气象服务产品的价值模型

1. 气象服务的价值

依据马克思主义政治经济学的价值理论,气象服务产品的价值即可用数学式表示:

$$W = C + (V + m)$$

式中,W 表示气象服务产品价值量。但由于气象服务产品的生产是由气象服务部门独家提供的,因此,气象产品的价值量不能按社会平均劳动量来计量,它不是社会价值,而是个别价值;C 表示生产气象服务产品的物质要素所消耗的价值,由物质技术装备的磨损(折旧)和原材料、辅助材料、能源等的消耗的价值构成;V 由气象服务生产中的劳动工资来计量;m 表示剩余价值,$V + m$ 表示活劳动创造的价值。

如何计量 m,信息经济学认为,某个信息产品的价值增量,在有信息产品和没有信息产品的条件下,可由"可运行的最大作用之间的差额决定"。例如,某一生产者和经营者在没有使用信息产品时,其最大实现价值为 1 万元,在使用信息产品时,其最大的实现价值为 1.2 万元。这样,在 1.2 万元与 1 万元之间的差值就为 2000 元。因而,这 2000 元就是信息产品的价值增量。

我国著名经济学家谷书堂先生等也持有基本相同的观点,认为关于 m 的价值确定,可以间接用科技产品的物化经济效益(新增经济效益)来测定。在这里,我们也赞同这样的观点,主张用新增经济效益来量化剩余价值。

具体地说,新增经济效益,即 m 在气象服务产品中如何量化? 我们在气象服务经济性质中已做过讨论,现概述如下:(1)利用有利的气象条件增加了产品量(或服务量),进而导致新增经济效益;(2)避免了不利于气象条件所引发的原料消耗、产出的降低以及产品价格上涨等因素,减少或避免了气象灾害的损失值,进而增加一定的经济效益。用数学式即可表示为:

$$m = \Delta W + \Delta P$$

式中,ΔW 表示产品价值量的增加值,ΔP 表示减少或避免灾害的损失值。

如何进行 m 的修正呢? 与一般商品的剩余价值不同的是:气象服务产品价值中的 m,不完全是气象产品生产者剩余劳动的结晶。这是因为,气象服务产品是具有科技信息性质的产品。

同一切科技信息产品一样,气象服务产品要发挥效用,即要被消费,要被使用,则还需使用者的再投入。如以天气预报中的短时预报为例,预报告知"今日白天有大雨!"这给人们的只是一种天气信息,而要使用这一信息,信息的使用者就需要在露天作业时添置防雨设备。有了这种设备,信息才算有用,才可能被消费。从这个意义上说,包含在气象商品中的剩余价值,既需要靠产品的创造来实现,又需要靠使用者劳动的再投入去实现。所以说,m 应该在生产者和消费者(使用者)之间进行分摊。

若设 S 为生产者与消费者之间的分摊系数,W 为气象服务产品的价值,气象服务产品的价值模型则可用下式表示：

$$W = C + V + Sm$$

2. 气象服务产品的价格模型

马克思主义政治经济学认为,价格是价值的现象形态,它以成本价格加利润两部分经济内容构成。气象服务产品的价格亦是如此。

气象服务产品的价格模型,既是气象服务产品的价值模型派生的形态,又是气象服务产品价值的现象形态。气象服务产品价值中的 $C+V$ 构成成本价格的内容,产品中的 m 构成利润 L 的内容。这样,气象服务产品的生产价格 W 可由下式表示：

$$W = K + SL$$

在式中,需要明确的是,成本 K 由劳动工资、劳动手段和劳动对象的耗费量决定,其中包括人员工资及辅助工资(奖金津贴等)、固定资产折旧、图书资料费,内部和外部协作费、调研费、新增设备费、购买初级信息产品费、燃料动力费、信息传输费用等;利润 L 为成本以上余额,在量上等于使用气象信息的新增价值($\triangle W + \triangle P$)。

3. 分摊系数 S 的取值

马克思主义政治经济学认为：(1)利润是由全部预付资本带来的,是全部预付资本的增加额。在投入产出的意义上,利润是投入所带来的增加额。马克思说："剩余价值,作为全部预付资本这样一种观念上的产物,取得了利润这个转化形式。[5]45"(2)利润量的多少与预付资本有关,与投入量有关。马克思说："不同的生产部门占统治地位的利润率，本来是极不相同的，这些不同的利润率，通过竞争而平均化为一般利润率……按照这个一般利润率归于一定量资本（不管它的有机构成如何）的利润，就是平均利润。[5]177"

从上述政治经济学的利润理论出发，气象服务产品的新增经济价值 ΔW 和 ΔP，若要在气象服务部门和气象服务产品使用者之间给以分摊，则必然取决于两者在各自的投入中所占其份额的大小。

若用 G 表示气象服务部门在新增经济价值中的投入，即生产气象服务产品的投入；用 G_t 表示气象服务产品使用者的投入，气象服务部门的分摊系数则为下式：

$$S = \frac{G}{G + G_t} \times 100\%$$

三、气象服务产品的影子价格

1. 影子价格模型

以影子价格理论为依据，我们可以建立气象服务产品价格的估测模型，或称为影子价格模型。这一模型用代数式表示则为：

$$P = AP_w$$

式中，P 表示气象服务产品的价格；P_w 表示在同气象服务产品的劳动耗费相同的条件下，其他商品或劳务的价格；A 表示价格系数，是气象服务产品的价格同其他商品或劳务价格的比较。

2. 价格系数 A 的取值

气象服务产品生产的劳动耗费,当同当其他商品或劳务的劳动耗费一致时,若以资源配置最优的产品价格作为参照物,$A=1$;若以资源配置非优化的产品价格作为参照物,$A>1$;当选择资源配置最劣等的产品价格作为参照物时,A 的值最大。

价格系数 A 之所以大于 1 或等于 1,是因为:

(1)配置到气象服务部门的资源是稀缺的资源

一般地说,气象服务产品生产主要是由国家财政投入来支撑。无论现在还是今后,国家所掌握的财力资源都不是无限量的。因此,用于气象服务生产的资源是稀缺的。

(2)配置到气象服务部门的资源从一开始就具有优化性质

帕累托最优原理指出,当某种经济变化改善了某些人的境遇,同时又不使其他任何人蒙受损失,则表明了社会福利的增进。

社会福利增进是资源优化配置的客观标准和客观反映。用这一标准来衡量所配置到气象服务产品生产中的资源,不言而喻,它具有优化的性质。因为,气象服务产品具有社会共享性,它是面向社会公众和社会生产的服务产品。

(3)气象服务部门的正产出性提高着资源配置的优化程度

首先,气象服务部门的产出物是关于气象要素、天气、气候的信息。在全部生产过程中,其产出物既不会污染环境,也不会给社会和社会公众造成负面影响。若同农业相比，它没有农药在植物中的沉淀；若同工业相比，它没有工业生产中的废气、废料、废水的排放；若同运输业相比，它没有产出废气和噪声，等等。还有，即便是某日关于气象要素、天气、气候的信息失真，那么"失败是成功之母"，失真的、不准确的信息，亦可为改进气象服务产品的生产提供出经验教训。

其次，相对于其他行业而言，气象服务的资源投入量具有其特殊性，因为它的劳动对象是气象环境的各种参数，而这些参数是不费分文的。

再者，在气象服务产品的生产过程中，其固定资产的转移值较小。因为，在气象服务产品的生产中，其所投入的技术装备相比社会各行业中的先进程度虽然比较高，价值亦比较大，但是，其使用周期较长、用途亦较广。这样，其转移到服务产品中的价值并不高。

鉴于上述三点分析，同一投入，若在气象服务部门比国民经济其他部门将会获得更大的产出。无疑，这是气象部门投入产出的重要特征。正因为如此，气象服务作为一种公用事业在人类历史上起步较早，比如我国早在公元前635年起，随着第一个观象台的出现，就有了经常性的气象服务。也正因为如此，当代世界各国都迫切要求实现气象服务现代化，比如美国，从20世纪90年代起，就已在实施一项耗资45亿美元的气象预报现代化计划。

3. 生产价格模型和影子价格模型的讨论

生产价格模型与影子价格模型分别从不同的理论层面上揭示出气象服务产品的经济价值，同时，由于产品的经济价值或者说产出货币量是评价经济效益不可或缺的一个自变量，因而从评价经济效益的角度，需要对两模型比较和讨论。

(1)两模型经济含义的同一性

气象服务产品的生产价格模型同气象服务产品的影子价格模型均分别从不同角度彰显出投入产出的经济价值及其来源。

气象服务产品的生产价格模型 $W = K + SL$ 从劳动价值论和剩余价值论的角度彰显出：(1)气象服务投入产出的经济价值 m 有两个组成部分($\Delta W + \Delta P$)；(2)经济价值来自投入 K，源于气象服务部门的剩余劳动。

气象服务产品的影子价格模型 $P = AP_w$，则从资源优化配置的角度彰显出：(1)气象服务投入产出的经济价值，在于其价格不取决于部门的平均消费，而由最劣等生产条件下的个别消费，或者说边际消费决定；(2)经济价值来自气象服务生产投入的财政资源增进了社会福利，满足了帕累托最优标准。

两种价格模型虽然对经济价值的彰显角度不同，但两模型皆反映和体现了气象服务产品的经济价值，以及效益与投入的关系。从这一同一性出发，我们认为，气象服务投入产出的经济价值，即可以用马克思主义经济学的术语表述为"超额利润"。

所谓超额利润，是指产品的个别价格与其社会价格的差额。马克思说："市场价值(关于市场价值所说的一切，加上必要的限定，全都适用于市场价格)包含着每个特殊生产部门中的生产条件下生产的人所获得的超额利润。[5]221"引文中的必要限定,是指生产价格应是价值的现象形态。气象服务部门是一种特殊的生产部门,因为它生产的是关于天气和气候的信息产品,这种产品能使使用者充分利用气象环境趋利避害,从而获得不费分文的自然力所带来的好处和克服其带来的坏处,使之获得超额利润。

(2)运用生产价格模型的可行性

从评价气象服务产品生产的经济效益角度讨论两种价格模型,相比较而言,生产价格模型更能满足评价的需要,具有可操作性。

这是因为,生产价格模型中的自变量 K,是指固定成本和变动成本的耗费,若需求解,一般可以获得相应的数据;另一自变量 $m(\Delta W + \Delta P)$,由于其指向明确,对有些产品亦可望获得有关的数据。正相反,对影子价格模型中的 P_w,其指向则是模糊的。若要在无限多样的产品中寻找到一个科学而又合理的气象服务产品价格的参照物,无疑很困难;若能找着参照物,却又难以确定 A 的取值。

鉴于上述分析,两种价格模型相比较,我们认为,在评价气象服务产品的经济效益时,采用生产价格来衡量气象服务产出的货币价值具有一定的可行性。

四、气象服务的总产出量

1. 总产出量的含义

产出是因投入而产生的,总产出是与总投入量相对应的概念,气象服务的产出及总产出亦然。

同投入量有实物形态和货币形态一样,产出也有实物形态和货币形态。气象服务的产出的实物形态是指,气象服务部门在生产中所投入的生产要素而形成的气象服务产品;货币形态则是指气象服务产品的货币价值;若以年为产出期,气象服务的总产出量则是,在一年内,气象服务部门向各类用户所供给各类服务产品的总和。总产出量的货币形态则是总产品量的货币价值。

气象服务的总投入分为中央和地方两级,相应地,气象服务的总产出也划分为中央和地方两级。前者我们称为气象服务的总产出,后者称为地方气象服务的总产出;与其投入相一致,地方气象服务的总产出也同样划分为省、地市和县三个层次。

2. 年总产出量的货币计量

年总产出量的货币计量,即是计算年总产品量的货币价值。前已述及,产品的货币价值有两种计量模型,一是生产价格模型,一是影子价格模型。若从评价气象服务经济效益的角度,生产价格模型相对于影子价格模型而言,更具可操作性。这样,年总产出的货币计量可表述为下式:

$$W = \sum (K + SL)$$

式中,$\sum (K + SL)$ 表示全国气象服务部门林林总总的气象服务产品生产价格的总和,或者称之为总价格。K 表示成本价格,在总价格中是 $\sum K$,即年耗费的生产要素的货币价值。L 表示气象服务产品消费后所获得的增益值,在总价格中则是年增益值的总和;S 表示气象服务部门增益值的分摊系数,在总价格中是气象服务的总投入值与生产的使用气象服务的总投入值的比,或者说,是气象服务部门的总投入在生产者和使用者的总投入中的比重。由此,$\sum SL$ 为气象服务部门年分摊的新增经济价值。

通过前面对年总价格模型中的各自变量的叙述,我们不难发现,若按年产出的生产价格模型来计量货币价值,则各个自变量的相关数据的采集、分类、汇总是难以实现的。因为,仅就某一气象产品的新增效益而言,要获取该产品新增经济效益的相关数据,在现有的统计资料的条件下均存在困难,更遑论搜集林林总总的气象服务产品的新增经济效益了。因此,结论只能是:按气象服务的总价格模型来计算气象服务总产出的货币量,在现有的条件下是不可能的!所以,对气象服务总产出量的货币计量只能另辟途径。

3. 总产出货币价值的估值

对我国气象服务总产出的货币价值,给出一种估值方法,并按其估值方法给出了明确的数值。此系许小峰编著的《气象服务效益评估理论方法与分析研究》一书的重要创见与作为。

《气象服务效益评估理论方法与分析研究》指出:"从气象服务效益评估工作的实践来看,确定评估的具体技术方法是评估中最重要的工作,直接关系到评估工作的成败。受到资料获取的影响,可以将气象服务效益评估的方法归结为生产效应法、权变评价法、成果参照法和损失矩阵法。[27]61"

从上述两点出发，《气象服务效益评估理论方法与分析研究》把气象服务按用户划分为公众气象服务和行业气象服务大两类，在分别采用公众问卷调查、专家评估结合典型企业气象服务贡献率的客观测定后，给出了公众气象服务和行业气象服务的新增经济效益，得出了相应结论："当前气象服务和经济社会发展水平条件下，每年气象服务的公众效用至少为 536 亿元，行业效用为 1779 亿～1954 亿元，则每年气象服务总体效用为 2315 亿～2490 亿元。[27]161"

我们赞同许小峰等的重要创见，认为：（1）许小峰等将气象服务按其用户划分为公众服务和行业气象服务两大类，这一划分涵盖了全部气象用户，所得出的总体效用因此能反映年气象服务的总效用；（2）对公众效用的获取采用问卷调查法，对行业气象服务效用的获取建筑在气象敏感行业分析基础上，采用专家评估结合客观的测定方法。[27]73用这两类方法来测定气象服务经济效益，此乃当前国际上通用的方法，具有科学性和可行性。

基于上述对许小峰等关于我国气象服务总体效用的两点认识，我们原则上赞同气象服务年新增经济效益为2315 亿～2490 亿元的结论，并在原则上认为亦可将其视为年气象服务总产出的货币价值。

第十三章　气象服务经济效益评估实证

一、气象服务经济效益评估模型

气象服务经济效益是气象服务的投入产出比。从这一定义出发,若用 E 表示气象服务经济效益,用 W 表示产出,用 G 表示投入,其评估模型则为:

$$E = W/G(或写作 E = G/W) \tag{1}$$

在《气象服务经济效益分析》一文中,气象服务产品的经济价值曾表示为:

$$W = K + SL \tag{2}$$

式中 K 为成本, SL 为气象部门应分摊的新增经济价值, S 为气象服务部门的分摊系数($S = G/G + G_t$),式中 G 为气象部门的投入值, G_t 为使用气象服务的投入值)。

将(2)式带入(1)式,即可得到气象服务经济效益的评价模型:

$$E = (K + SL)/G \tag{3}$$

需要指出的是,式中的 K 和 G 是两个不同性质的经济量, K 是成本量, G 是投入量。但只有当 $G = K$ 时,其生产才能顺利进行,因此, K 和 G 在量上却是相等的。

若评价出气象服务部门的年经济效益,(3)式中的 $K+SL$ 则应是气象服务部门各种气象服务的价值之和,G 应是年投入总值。但在现阶段,气象服务部门的年投入总值能较为准确地计算出来,而其年总产值却缺乏统计数据的支撑,因此其年产值难于计算而只能估测。

若 $P_年$ 表示估测的气象服务部门的年产值,$E_年$ 表示年经济效益,$G_年$ 表示年投入总值,则气象服务部门的年经济效益的评价模型为:

$$E_年 = P_年 / G_年$$

二、羊坪气象站的气象服务经济效益评估实证

(一)羊坪气象服务站概况

羊坪现代农业示范园区气象服务站(简称羊坪气象站),位于全国十佳小康村——四川省双流县羊坪村现代农业示范区内。这一农业示范区占地 5000 亩,是全国最大规模的集生产、观光为一体的连片葡萄生产基地(现代农业示范园区)。羊坪气象站是四川省首个在村庄一级组建的专业气象服务站,专门为园区葡萄种植提供生产储存、加工销售等各环节所需气象服务及其科技支撑。

园区气象站内的设施包括:(1)自动气象监测站:开展气温、风速、风向、降水量、空气湿度、太阳辐射等气象要素监测,实为六要素自动气象监测站,并同园区周边已建成的气象监测站构成气象观测网。(2)园区小气候

监测站:开展气温、湿度、太阳辐射三要素的小气候自动监测,同自动气象监测站形成大棚内外的对比监测。(3)土壤湿度和土壤温度自动监测站:对 0,10,20,30,40 厘米深度的土壤温度和湿度开展监测。(4)葡萄物候期观测站:根据园区内葡萄种植的布局,用远程视频监测设备,专门实施葡萄物候生长情况的远程监测。(5)气象信息发布网络由气象信息显示屏、公示栏、广播、手机短信等信息传输手段所组成的信息发布系统:适时向园区提供日常天气预报、灾害性天气信息,以及气象监测实况等信息。

(二)园区对气象服务的需求

羊坪气象站的建立,源于葡萄生产、储存、加工、销售对气象条件的依赖,以及由这种依赖所产生出对气象服务的需求。具体地说,一是羊坪葡萄种植园区的气象环境与葡萄生长直接相关,二是园区内葡萄的病虫害与气象条件直接相关。

1. 园区的气象环境与葡萄生长

(1)降水

据统计,园区内降水时空分布极不均匀,主要集中在 6—9 月,其间平均的总降雨量竟占全年降雨总量的 74%;还有,葡萄园区在 6—9 月间若遇有较长时间的积水,则将要造成葡萄树的根系窒息,叶片黄化、脱落,新梢不充实,花芽分化不良,甚至植株死亡。

(2)日照

据记载,园区内年平均日照时数为 1066.7 h,属全国日照较少地区之一;还有,在当年 9 月至次年 2 月的近半年时间内,月均日照时数仅 45～75 h,占可照时数的 14％～20％。这种日照状况极易造成葡萄树的新梢生长细弱、叶片薄、叶色淡。

(3)湿度与风速

据记载,园区内年平均相对湿度为 75％,其中 7—10 月相对湿度达 80％以上,常年风速小,空气湿润,对园区葡萄的品质有一定影响。

2. 葡萄病虫害与气象条件

葡萄种植的经验表明,在葡萄生长期中,经常出现诸如白腐病、霜霉病、房枯病、黑痘病、黑腐病、炭疽病等病害。这类病害均同气象条件直接关联。若某一病害出现,要么是使葡萄的产出量骤减,要么是葡萄颗粒无收(参见表 13-1):

表 13-1　葡萄病害与气象条件的相关关系

病　害	气象条件
白腐病	高温、高湿的天气
霜霉病	冷凉潮湿的天气
房枯病	7—9 月,气温为 24～28 ℃
黑腐病	连续高温高湿天气
炭疽病	葡萄成熟时高温且多雨

总之,园区内的葡萄的生长、发育同园区内常年降水、日照、湿度、风速等气象要素的数值直接相关;在葡萄生长

期间,诸多病害同气象条件直接相关,致使葡萄种植农户对及时的气象服务有着强烈的内在需求。满足这一需求,既是确保园区实现葡萄喜人产量的头等大事,又是园区发挥现代农业示范园区作用之头等大事。由此,作为园区的专业气象台站即应运而生。

(三)羊坪气象站气象服务的供给

1. 葡萄生长的实况监测服务

监测服务:

(1)气温、风速、风向、降水量、空气湿度、太阳辐射、土壤湿度和土壤温度等气象要素的实时监测服务;

(2)葡萄生育期监测服务。

2. 葡萄生育期的预报服务

预报服务:

(1)常规年、月、旬及逐日气象预报;

(2)葡萄关键期(如开花期、收获期)天气趋势预报;

(3)灾害性天气(大风、暴雨、冰雹、强降温、高温、连阴雨等);

(4)病虫防治期间天气趋势预报服务。

3. 葡萄的专题气象分析与预报服务

专题气象分析与预报服务有:

(1)主要物候期(树液流动期、萌芽期、开花期、果实生长期、果实成熟期、新梢成熟期等)预报服务;

（2）果品品质气候条件分析；

（3）全生育期生产气候评价；

（4）灾害性天气过程影响评价。

上述服务具体内容见表 13-2：

表 13-2　羊坪气象服务站年气象服务一览表

时间	葡萄生育期	生物学特性	有利气象条件	不利气象条件	气象服务产品类型	发布时间
3月	树液流动期萌芽期	日平均气温≤5 ℃（树液流动期）日平均气温10～12 ℃（萌芽期）	天气回暖早适宜日均温度25～30 ℃	低温寒潮	发育期预报及农事对策	依生长进度而定
					旬、月天气预报（附对策建议）	旬、月初
					寒潮降温预报	灾害天气出现前
					病虫害气象服务	下旬初
4月	展叶抽枝花系出现	日平均气温≥12 ℃（新稍生长期）日平均气温≥15 ℃（开花期）	气温偏高降水分布均匀日照好	低温寒潮阴雨	发育期预报及农事对策	依生长进度而定
					病虫害气象服务	上旬初
					旬、月天气预报（附对策建议）	旬、月初
					寒潮降温、低温连阴雨预报	灾害天气出现前

时间	葡萄生育期	生物学特性	有利气象条件	不利气象条件	气象服务产品类型	发布时间
5月	开花期叶枝生长期浆果生长前期	日平均气温≥15℃	日照好降水均匀	大风强降水低温寡照多雨	开花坐果天气分析预报	旬、月初
					强对流天气、低温阴雨天气预报	灾害天气出现前
					病虫害气象服务	中、下旬初
6月	浆果生长期早熟品种成熟（下旬）	日平均气温≥15℃且≤38℃	适宜日均温度28～32℃	大风暴雨冰雹连阴雨寡照多雨	旬、月天气预报（附对策建议）	旬、月初
					强对流天气、低温阴雨天气预报	灾害天气出现前
					早熟果成熟期预报	依生长进度而定
7月至9月	浆果成熟（中晚熟品种）	日平均气温≥15℃且≤38℃	适宜日均温度28～32℃天气晴好雨水均匀	大风暴雨冰雹高温连阴雨寡照多雨	旬、月天气预报（附对策建议）	旬、月初
					强对流天气、低温阴雨天气预报	灾害天气出现前
					成熟期预报	依生长进度而定

续表

时间	葡萄生育期	生物学特性	有利气象条件	不利气象条件	气象服务产品类型	发布时间
10月至11月	落叶期	日平均气温≥10 ℃	适宜日均温度 10～20 ℃	寡照阴雨低温	旬、月天气预报（附对策建议）	旬、月初
12月至翌年2月	休眠期	日平均气温＜−4 ℃造成冻害	适宜日均温度 0～10 ℃	低温冷冻冰雪天气	旬、月天气预报（附对策建议）	旬、月初
					寒潮降温、低温冷冻冰雪预报	灾害天气出现前
					全年生长气候评价（灾害影响及品质气候评价）	年底前

(四)羊坪气象站的投入与产出分析

1. 投入量

(1)气象站年投入值

羊坪气象站的年投入值,如表 13-3 所示。

表 13-3 羊坪气象站占年投入一览表

单位:元

项目	人员工资	办公费、估测费、交通费	计算机、广播站等耗费	自动气象站等年折旧
投入值	59400	18500	11700	28000
总计			117600	

（2）使用气象服务的用户年投入值

羊坪气象服务园区内的大棚种植葡萄共 425 亩,大棚用户投入值如表 13-4 所示。

表 13-4 羊坪气象服务用户年投入值一览表

单位:元/亩

项目	避雨大棚	水电	维护费	合计
投入值	700	500	600	1800
425 亩总计(元)		1800×425＝765000		

（3）气象服务价值经济评估中气象服务部门分摊系数

$$S = \frac{117600}{117600 + 765000} \approx 0.13$$

2. 产出的新增经济价值

（1）园区大棚种植葡萄的新增经济价值

由于园区采用大棚种植葡萄,其种植、管护过程与天气状态有了同一性,因而葡萄种植农户既保证能充分使用信息,充分利用气象生产力以增加产量,又能充分克服气象的自然破坏力,以降低气象灾害的损失值。这一趋利避害的效应所产生的经济价值,是气象服务的新增经济价值的一个重要内容。

在根据园区大棚种植葡萄农户所提供出的资料再进行计算后,其新增经济价值则为 1450000 元。具体如表 13-5 所示:

表 13-5 种植大棚新增经济价值一览表

项目	每亩大棚新增经济价值(元)	大棚面积(亩)	新增经济价值(元)	总计(元)
巨丰葡萄	2000	125	250000	
夏黑葡萄	4000	150	600000	1450000
红提葡萄	4000	150	600000	

(2)无大棚种植葡萄农户的新增经济价值

园区内没有采用大棚的葡萄种植户,由于有了及时性的气象服务,也采取了相应的趋利避害的措施,其后也同样获得了新增经济价值!在扣除其必要的投入及农户投入应获得的价值之后,气象服务的新增的经济价值约为其产值的 3%,总计 1935000 元。具体如表 13-6 所示:

表 13-6 气象服务价值一览表

项目	种植面积(亩)	产值(元/亩)	系数	新增经济价值(元)	总计(元)
巨丰葡萄	2500	8000	3%	60000	
夏核葡萄	1500	19000	3%	850000	1935000
红提葡萄	1000	16000	3%	480000	

(3)羊坪气象站气象服务经济效益

根据上述计算,羊坪气象站经济效益的自变量数据如下:

$$K = 117600 \ \text{元}$$
$$SL = 0.13 \times 145000 + 1935000 (\text{元})$$
$$G = 117600 \ \text{元}$$

将数据代入经济效益评价模型,得:

$$E = \frac{117600 + 0.13 \times 145000 + 1935000}{117600} \approx 17.61$$

羊坪气象站经济效益为 $1 : 17.61$。

三、我国气象服务经济效益的估测

(一)气象服务年投入值的估测

为使估测数据一般地能反映出气象服务的实践,在此,我们选择 2004—2009 年的投入值为研究对象。根据:气象服务的投入估测值=基本支出+行政事业项目支出+固定资产折旧,2004—2009 年间,我国气象服务年投入值如表 13-7 所示。

表 13-7　2004—2009 年全国气象服务生产投入值

单位:万元

年	气象服务生产总投入			
	基本支出	事业项目支出	固定资产折旧	合计
2004	254630.19	35695.14	19510.88	309936.21
2005	280079.06	38919.41	15571.03	334569.50
2006	340515.13	235702.38	55645.92	631863.43
2007	432689.33	222271.97	79117.56	734078.86
2008	478996.54	322736.90	50565.95	852299.39
2009	542108.69	464491.47	53100.07	1057700.23

2004—2009 年,6 年内我国气象服务生产的投入为 3920447.62 万元,年均 653407.94 万元。此值可视为一个时期的气象服务年投入值。

(二)年产出值的估测

在现有统计资料的条件下,若要计算出气象服务的产出则是不可能的事。显然,其气象服务总产出值只能是估测。

基于上一章中对许小峰等关于我国气象服务总体效用的两点认识,我们原则上赞同气象服务年新增经济效益在2315 亿~2490 亿元的结论。与总投入值相匹配,取其中数,即 2402.5 亿元作为 2004—2009 年内的产值的估测值。

(三)我国气象服务年经济效益估测

将上述年投入值、年产业估测值,代入气象服务经济效益评估模型:

$$E_年 = P_年 / G_年 = 2402.52/65.34 \approx 36.77$$

结论:我国气象服务年经济效益值估测为 1：36.77。

第十四章　气象服务收费辨析

一、气象服务收费引出的问题

1984年12月,中国气象局提出了构建基本业务、有偿专业服务以及经营实体的事业结构框架的设想,俗称要建立"小三块";1985年3月,国务院办公厅转发了中国气象局《关于气象部门开展专业有偿服务和综合经营的报告》;同年,中国气象局、财政部门联合颁布了《关于气象部门开展专业服务收费及其财务管理的八项规定》。

在全国范围内,以1985年为起点,一些专门针对用户的气象服务便开始收取一定的服务费,随之相应地出现了"专业有偿气象服务"的概念及其传播。到了21世纪,"专业有偿服务"虽不再提及,但却代之以气象服务部门的"创收"。在创收中,专业气象服务针对特定用户所为之提供的服务,有的则还要收取一定的服务费。这样,在我国,气象服务的服务收费,自1985年始至今仍是一种现实的存在。

国外的气象服务收费,则比我国收费的历史要长。重要的是,在20世纪80年代后,国外还逐步出现了具有一定规模的、由私人经营的商业性气象公司。

在美国,1953 年,美国商业部天气服务咨询委员会曾建议积极鼓励发展私营商业气象服务;1979 年,美国国家海洋大气局颁发指令,要求所属各单位支持私营气象公司开展商业气象服务;1980 年,美国政府对公与私的气象服务界限进行了明确划分,形成了公私合作的气象服务体制。之后,美国私营气象公司的商业气象服务发展迅速。据有关资料证实,目前美国有 300 多家私营气象公司,小到个体开业,大到拥有数百名员工。

在日本,1954 年便有了商业气象服务;1996 年,日本民间的 18 家气象服务公司的营业额竟高达 320 亿日元。截至 1998 年 1 月,获得日本气象厅颁发的"预报业务许可证"的私营气象服务公司,已达 39 家之多,其中最具规模的是日本天气新闻公司。

除美国与日本外,在加拿大,气象部门的各个层次、单位也不同程度地开展了有偿气象服务;在澳大利亚,气象局在 1990 年即成立了澳大利亚特殊服务体公司,对外开展商业性的气象服务;在英国,1996 年气象局即开始为政府、企业提供有偿气象服务。

国内外的气象有偿服务,或者说,气象服务的服务收费现实,顺理成章地引出了一些经济学问题。概括地说,主要有三方面:

(1)在西方经济学的意义上,可否把收费的气象服务产品叫作私人物品;在马克思经济学的意义上,可否把收费的气象服务产品叫作商品?

(2)能否把收费的气象服务叫作商业性气象服务,且需大力发展之?

（3）气象服务商业化是否是气象服务的发展趋势，进而气象服务中的公共产品，是否亦可通过市场化机制来完成其配置和供给，或者说，气象服务由政府"埋单"还是应由市场"埋单"？

二、收费气象服务产品的经济学性质

（一）收费的气象服务产品是准公共产品

西方经济学把社会产品划分为私人产品和公共产品两大类。其中，公共产品又划分为纯公共产品和准公共产品。准公共产品是介于私人产品和公共产品之间的产品。在西方经济学的意义上，收费的气象服务产品应当叫作准公共产品。

1954 年，美国经济学家萨缪尔森第一次提出"公共产品"的概念，并相应地给出了定义，"每个人对这种产品的消费，都不会导致其他人对该产品消费的减少。[15]28"在其《经济学》著作中，他再次对公共产品作了明确的界定："正外部性的极端情况是公共产品。"在萨缪尔森的眼中，气象服务应归在公共产品的类别中，他说："正外部性的重要实例包括：高速公路网建设、国家气象服务、基础科学资助及提高公众健康水平等。"[4]29

萨缪尔森所提出的公共产品概念，在西方经济学界引起了一股研究的热潮。继之，又出现了"准公共产品"的概念。坎贝尔·麦克康耐尔和斯坦利·布鲁伊将准公共产品定义为"排他性原则的应用使私人物品与公共产品分离开来,由政府提供后者。但是许多其他由政府提供的物品和劳务也具有排他性,这类被称作准公共品的物品包括教育、街道"等。

萨缪尔森和麦克康耐尔的论述分别说明了准公共产品的两大特征:一是排他性;一是正外部性。收费的气象服务产品正是具有这种性质的产品。

首先,收费的气象服务具有排他性。无论在我国还是在国外,收费的气象服务一般皆是专门针对用户而开展的专业气象服务,或人工影响天气服务。前者如提供各种气象预报、气象指数、天气期货等的服务;后者是应用户需求而"量身定做"的、各种趋利避害的方案与措施。显然,这些收费的服务具有一定的排他性。

其次,收费的气象服务又具有正外部性,存在着溢出效应。因为无论其形式如何,这类服务所提供的仍是关于天气和气候状态的气象信息。而作为气象信息,它服务的对象虽然是一定或特定的,但是,其服务的效用将会覆盖服务对象所在的整个区域,自然,信息亦将会对这一区域内的居民、其他社会机构产生效用。例如,应水库管理者要求的增雨作业。增雨不仅对其特定服务对象的生产或业务活动会发生作用,而且对增雨范围内的其它居民、社会机构也同样会发生作用。又如,应樱桃节的主办者要求而提供的天气预报。天气预报不仅对樱桃节的主办者有作用,而且对樱桃节所在地区的居民、社会机构同样亦会有作用。

还有,在现实生活中,收费的气象服务的效用,不仅不会被购买者所独占,而且其边际效用还会随该地区内同一气象服务被使用数量的增加而递增。概括地说,气象信息是某一时刻或某一时段上的天气和气候状态的信息,而不可能是某一时刻定点或某一时段上定点的天气和气候状态的信息,因而关于这类信息的气象服务产品,即便是为用户生产的,均皆不可能为其用户所独占。

要指出的是,气象服务收费产品中的某些产品,既具有排他性,又是不具溢出效应的实物形态的产品。它们当然属于私人物品,而不属于准公共产品。例如,美国私人气象公司向用户所提供的与天气预报有关的计算机硬件、软件、观测系统、图像系统等,即是如此;我国气象服务部门对居民住宅用户所提供的防雷设备,也是这样。

最重要的是,人们却不能因此而否认收费的气象服务产品是准公共产品。这是因为,这些产品只是与气象服务有关联。换言之,这些产品是气象服务所衍生的产品,而不是关于天气和气候状态的信息产品。这也正如同教科书、教学仪器是教育衍生的私人产品,但不能由此而否认教育是准公共产品一样。

(二)收费的气象服务产品不是商品

马克思主义经济学与西方经济学虽有联系,但各自的研究对象、研究方法、研究目的以及所形成的理论体系又是迥然不同的;自然,它们各自就有着不同的理论范畴。在马克思主义的经济学中,私人物品、公共物品(含准公共物品)的概念是不存在的,仅有的是劳动产品和商品这两类相互联系的属概念和种概念,并把商品定义为"用来交换的劳动产品"。今天,收费的气象服务所反映的是一种交换行为,即气象服务生产者与气象服务用户之间的交换行为。这样,可否因此而认定其收费的气象服务产品就是商品呢?经过仔细琢磨、反复推敲之后,答案应该是否定的。因为被收费的气象服务产品,不符合马克思关于商品的交换行为的理论规定性。

1. 商品交换是商品的全面转手

马克思说:"一切商品对它们的占有者是非使用价值,对它们的非占有者是使用价值,因此,商品必须全面转手。这种转手就形成交换。[5]104"他又说:"每一个商品的占有者都只想让渡自己的商品,来换取另一个具有能满足他本人需要的使用价值的商品。[5]105"马克思的这些论述清楚地表明,商品是以其全面转手,即以商品的使用价值(商品体)的全面"让渡"为条件的。

具体地说,商品在其交换(让渡)过程中,商品占有者获得货币,货币占有者却获得商品而成为商品的所有者。这样,货币占有者最终拥有了商品的占有权、支配权、使用权与享有权。可见,一个劳动产品能否在交换过程中被全面地"让渡",因此而成为它是否是商品的质的规定,成为它是否是商品的一个刚性量度。

以"全面转手"的标准来考察收费的气象服务产品,无疑,此类产品不能称为马克思主义经济学意义上的商品。这是因为,收费的气象服务产品不论其形式如何,均是关于天气和气候状态的信息产品。毋庸置疑:信息只能共享,信息却不能独占,因而信息也就不可能"全面转手"。

2. 商品生产及其交换必须遵循价值规律

马克思主义经济学认为,价值规律是商品生产的基本经济规律。它包括商品价值决定和商品价值实现的规定性。

关于商品价值决定:一是价值形成,二是价值量的决定。马克思说:"一切劳动,一方面是人类劳动力在生理学意义上的耗费,就相同的或抽象的人类劳动这个属性来说,它形成商品价值[5]60";马克思又说:"只是社会必要劳动量或生产使用价值的社会必要劳动时间,决定该使用价值的价值量。[5]52"

关于商品价值的实现,恩格斯说:"只有通过竞争的波动,从而通过商品价格的波动,商品生产的价值规律才能达到贯彻,社会必要劳动时间决定商品价值这一点才能成为现实。[5]215"

马克思、恩格斯的经典论述清楚地表明,无论商品的价值决定还是商品的价值实现,均是"在商品生产者背后由社会过程决定的[5]58",这也就是说,商品的价值(社会属性)及其商品的价值量能否确定,商品的价值能否在交换中实现,均是由竞争性市场所决定的。换句话说,竞争性的市场既是价值规律得以贯彻的社会经济基础,又是价值规律得以发生作用的社会经济条件,同时也是劳动产品能否真正转化为商品的条件。

依照上述条件来辨识收费的气象服务产品,显然,我们不能把它称之为马克思主义经济学意义上的商品。

再具体结合气象服务的实际状况考察:由于市场的准入限制,在我国,不允许气象服务部门以外的企业、个人进入气象服务市场；在国外，除个别国家外，企业及个人要想进入这一市场，也有严格的限制，即不能自由进入或退出。同时，还因为气象服务产品效用的社会属性，气象服务市场绝非是一种竞争性的"空间"，即便是存在着市场，也仅能称之为"垄断性市场"。这样，既然市场不存在完全竞争性，劳动产品自然也就不存在变为商品的条件，即不可能构成马克思主义经济学意义上的商品的条件。

综观上述分析，鉴于马克思主义经济学关于商品的两种规定，结合国内外气象服务的实际状况，我们认为，不能给气象服务带上"商品"的帽子，科学的称谓或是冠名还是以"收费的气象服务"为妥。

3.“商业性气象服务”的称谓不科学

商业是指在国民经济中进行商品流通的行业或部门。它是人类社会在农业和手工业分离后所出现的且与之相并列的一个行业或部门。马克思指出："不仅商业，而且商业资本也比资本主义生产方式古老。实际上，它是资本在历史上最古老的自由的存在方式。[5]362"

在逻辑学的意义上，作为一个概念，商业有其自身内涵与外延的严格规定性。在内涵上，商业是指从事商品收购、销售、运输与管理的经济活动；在外延上，"商业"是指在国民经济中负责商品收购、销售、运输与管理的企业或个人。

按上述商业一词的规范性含义，现将"收费的气象服务"称之为"商业性气象服务"，无疑是欠妥的、不科学的。这是因为，世界上还从来还没有过相对独立的商业性气象服务。具体地说，无论在国内还是在国外，至今还没出现过独立负责气象服务产品收购、销售、传输与管理的企业或个人。事实是,在国内外的气象服务部门中,其收费的气象服务产品的生产者(或供给者),同时又是出售者;流通并没有从生产过程中专门分离出来。这样,商业性气象服务在客观上是不存在的。所以,在严格的意义上,或者说在完全科学的意义上,"商业性气象服务"是个不科学的称谓。

三、气象服务收费发展的"瓶颈"

气象服务收费在国内外皆是一大现实,具有其存在的条件。然而若要大力发展,却面临着需求与供给的双向制约,存在着发展"瓶颈"。

(一)气象服务收费存在的原因

经济学认为,为避免准公共产品消费之时所产生的"搭便车"和拥挤的现象,准公共产品一般则需要付费被使用。如大小车辆在高速公路上行驶需要缴纳过路费;参观者或旅游者到某些博物馆、公园需要认购门票,等等。不难理解,针对特定用户的气象服务而收取一定的费用,既是为了避免"搭便车",又是为了避免拥挤现象的发生。当然,除此之外,还有更深层次的需求和供给的原因。

收费的气象服务产品的需求,主要源自两方面:

(1)企业需要个性化的气象服务

资料显示,在国民经济的诸业中,有近百个行业的经济活动与气象条件有着直接或间接的联系。其中,又尤以农业、航空、海上运输、旅游、会展、保险等行业的联系最为紧密。这些行业的企业为了实现自身产出效益的最大化，在市场中，必然会竞相争占包括气象在内的自然资源。不言而喻，占有气象资源，能规避因天气、气候条件所带来的风险，以降低企业生产或服务成本，获得市场优势。这样，与气象条件有着紧密联系的生产企业、服务企业，自然会积极要求气象服务部门提供出具有针对性的专业服务，即个性化气象服务。

（2）企业具有货币支付能力

在现实生活中从"需要"转化为"需求"，一般取决于气象服务的需要者有无货币支付能力，而企业作为自主经营、自负盈亏的经济实体，无疑会具有现实的货币支付能力。

同样，气象服务部门愿意供给收费的气象服务产品，也有两方面原因：

（1）具有供给的条件

无论在我国还是在国外，气象服务部门所拥有的物资技术条件与人力资源等生产要素，均有条件、有能力来开展特定的收费气象服务。

（2）弥补政府的投入不足

无论在我国还是在国外，政府对公共产品生产的财政拨款，由于既受到财政收入量的制约，又受到在政府的消费性支出结构中，用于气象服务部门的比重大小的制约，因而，一般地说，投入气象事业的资金量与生产气象服务产品所需的资金量，总会出现一定的"缺口"。为开源节流，气象服务部门开展收费的气象服务是弥补资金缺口的措施之一。

（二）制约气象服务收费发展的"瓶颈"因素

统计资料表明，进入 21 世纪后，我国气象服务部门在每年的总收入中，"创收"约占 19％的份额。其中，经营性收入占较大比例，而收费的气象服务虽在近几年来发展平稳，起伏不大，但所占份额却一直较小。同时，在"商业气象服务"发展较快的发达国家中，其气象服务的主要收入也并非来自于"收费的气象服务"，即便是新西兰的气象服务——被某些学者们称为"全商业化的气象服务"，其总收入的60％，即收入的主要部分还是来自于政府购买气象服务的公共产品。应该说，无论在国内还是在国外，气象服务收费的发展受到制约，存在着需求和供给的"瓶颈"因素。

1. 需求因素

（1）气象服务的效用预期

在西方经济学的意义上，制约气象服务需求的因素包括：气象服务收费标准（气象服务产品价格）、用户的支付能力、偏好和效用预期。其中，我们认为，效用预期则是制约需求的"瓶颈"因素之一。

所谓气象服务的效用预期是指，用户在使用收费的气象服务后所能得到的收益。这一收益包含有两方面内容：一是趋利，即使用气象服务用户的财富得到增值；一是避害，即气象灾害给用户带来的损失相应地得到减少。无数事实证明，趋利避害的经济效益构成了用户的收益。对用户而言，这一收益值只有大于其使用气象服务的付费值之时，即在有"消费者剩余"之时，才可能为"正"收益。若此，用户付费的经济活动才算是有意义的，这也才正是用户所期望的。

同时，气象服务产品的信息性质，不同于一般实物形态的产品性质。因为，气象服务产品在其被使用（消费）时，尚需再投入一定的成本（实际上是使用成本）；实践不断证明，使用成本既会同气象灾害的强度成正比例地发生变化，又会同利用有利气象条件的广度和深度，成正比例地发生变化。正因为如此，为了让期望收益为"正"，趋利避害值则需要做出进一步修正，即必须让它大于使用气象服务的付费值，与使用气象服务的成本值之和。

应当看到，在付费消费气象服务时，其使用成本正是用户所必须认真对待与考虑的因素；而恰恰是这一因素的存在，即使用成本的不可逾越性，气象服务收费的发展受到了阻碍。不难预料，在现阶段和今后的一个较长时期内，这一"瓶颈"因素还不可能消失。

（2）使用气象服务产品的风险

制约需求的另一"瓶颈"因素，即是在使用气象服务产品中所存在的风险。

实践证明，同一切信息产品的效用一样，气象服务产品的效用取决于信息的及时性、真实性与准确性，否则，它将会产生使用风险。

不难判断，在现阶段和今后一个时期内，气象服务产品的"使用风险"尚不可能克服。这是因为，引起大气环境变化的诸多因素异常复杂！在现阶段乃至在今后一段时期内，人们的大气科学水平、认识手段、认识方法以及认识程序，尚不能完全探究出大气环境变化的奥秘，不能完全揭示出其内在联系，不能完全地把握住其变化规律。这样，气象信息所具有的准确性、真实性与及时性就还不能确保百分之百地"到位",气象信息总还会存在着一定程度的不确定性。

气象信息的不确定性,必然又会带来一定程度的无效使用。换言之,气象信息的不确定性,必然会带来使用信息的风险性。无需回避,在实际生活中,使用气象服务的风险性,是用户消费气象服务时所必须考虑的另一重要因素。也正因如此,这一不可克服的因素,又构成了制约气象服务收费发展的另一"瓶颈"因素。

2. 供给因素

制约收费气象服务发展的供给"瓶颈"因素主要有二:一是收费气象服务产品的高成本制约;二是"量身定制"服务产品的供给能力限制。

（1）高成本制约供给

据我国《国民经济行业分类》GB/T 7454—2002,气象服务行业是一种专业技术服务行业。这一行业同国民经济的其他行业相比较,其生产成本（含劳动成本、劳动资料成本以及劳动对象成本）必然会处在一个较高的水平上。

首先,劳动成本高。气象服务产品的生产劳动是一种认识、采集、分析、综合、概括大气运动变化,且需找出其内在必然联系的复杂劳动。例如,数值天气预报的制作就是这样。即它需要经过确定预报模式、质量控制、客观分析、四维同化的程序[30]141。实践表明,气象服务的生产劳动者在其间的每一个环节上,皆需要付出高智力的复杂劳动。马克思说:"少量的复杂劳动等于多量的简单劳动。[5]85"显然,气象服务的生产劳动比非复杂劳动的行业的劳动成本要高。

其次,劳动资料成本高。气象服务的发展史证明,气象服务生产所需的劳动资料、劳动手段,即生产的物质技术装备水平均会处在同一经济时期内各行业中的先进位置上。例如在当代,高精度的测温元件、湿敏元件,各种遥测化、自动化的地面气象仪器,气象雷达,气象卫星,电子计算机等,皆是气象服务生产不可或缺的装备,即高质量的必不可少的劳动资料和劳动手段。这样,物质技术装备的先进性,自然使得其劳动资料成本增高。

再次,劳动对象成本高。在气象服务产品的生产过程中,尽管使用大气现象作为其劳动对象而不付分文,但是,它的生产又必须以其他的气象服务产品作为其材料。例如,中尺度的数值天气预报,即需要依赖于大尺度数值天气预报给定边界上的气象要素,以其作为劳动对象。无疑,这类天气信息材料是需要计量成本的。

可见,同其他气象服务产品的生产一样,收费气象服务产品的生产也具有高成本的特性。高成本即有高价格,而高价格又必然会影响和限制用户的需求;需求又反作用于供给。这样,高成本自然成为制约供给保障的一大因素。

(2)供给能力的限制

收费的气象服务是应用户需求而开展的个性化、精细化的服务。同一切个性化、精细化的服务一样,它需要供给者具备生产个性化以及精细化产品的能力。一般地说,这种能力必然要受到两方面的条件限制:

①产品个性化、精细化程度的限制。

任何关于天气和气候状态的产品皆有其空间尺度和时间尺度。以天气预报的空间尺度为例,大尺度天气预报影响范围在 1000 km 以上；中尺度的天气预报影响范围在 100 km 左右；小尺度的天气预报影响范围在 10 km 左右。以天气预报的时间尺度为例，超短期的天气预报，即是指 0～6 h 的预报和 0～3 h 的预报。叶笃正先生曾主动地表述："今朝几朵白云生，今天还难以预报。[30]157"事实说明，天气服务的个性化产品，既不同于物质形态的产品，又不同于其他信息产品。因为，它在当前和今后一般长的时间内，尚不能普遍地具有个性化精度，尚不能普遍地"量身打造"。正基于此，气象服务的供应能力最终还会制约着收费气象服务的发展。

②生产投入量的限制。

针对用户对气象服务产品的生产要求，显然，供给者应具有与之相应的生产要素的投入。例如，为航空业提供收费的气象服务，自然要建立匹配的气象台站系统；为某一水库或某一企业提供特定的气象服务，自然要拥有与之相应的物质技术装备。说到底，要开展收费的气象服务，与之相匹配的生产要素或生产条件自然是不可或缺的。

问题的关键在于：假若没有与之相应的服务生产条件，则需要全力创造出条件，由此投入新的生产要素！若此，这必将直接影响到气象服务收费额度的大小，面临着供给者与需求者间的"讨价还价"。如果用户的付费小于投入，供给无疑终将会被"搁浅"。世人不曾忘记，从 20 世纪 80 年代开始的收费气象服务，虽经热心学者们的热情宣传，直至"权威"的支持，但无论在国外，还是在我国，收费的气象服务并没有"大踏步前行"。可见，生产的投入需求，及由此产生的需求的付费不足，是限制收费气象服务的供给的另一重大因素。

第十五章　气象服务的生产和配置

一、气象服务商业化与市场化的浪潮

20 世纪 80 年代,美英等发达国家出现了一股气象服务商业化、市场化的浪潮。气象服务产品的供给和配置离开了政府的主导而转向依赖市场。今天回过头来剖析这一现象,应该承认,这仅是一种假象! 因为事实充分说明,在商业化市场化的浪潮中,国家干预仍起着主导作用:

被有的学者称为"第一个完全商业化的国家气象部门"的新西兰,其"总收入的 60％来自政府,25％来自航空客户"。

在被有的学者认为"私营气象公司商业性气象服务发展迅速"的美国,"私营气象公司可以从国家气象部门无偿获得一般气象信息"。

在英国,被有的学者所说的"气象局的服务一直占英国气象服务市场份额的 70％左右",英国政府规定"政府部门和公共单位必须使用英国气象局提供的气象服务"。

新西兰商业化经营的 60％收入来自政府;美国的私营气象服务无偿使用国家气象部门的一般气象信息;英国政

府规定必须使用气象局所提供的气象服务等,这些无一不表明:政府仍主导着气象服务的生产,气象服务的商业化、市场化只是一个假象,市场只是一个"空壳"。道理很简单,因为在这个"市场"里,对资源的配置事实上是"看不见的手"已经被一双"看得见的手"所替代。[31]

发达国家在 20 世纪 80 年开始的气象服务的商业化、市场化浪潮,至今仍不见"波涛汹涌";在美、英、日等国家的私营气象服务公司,尽管仍还在运作,或者说还有小幅发展,然而,不依赖于该国的政府或气象服务部门而能开展生产且又能提供气象服务的气象公司,并没有出现,市场依旧是一个"空壳"!

二、商业化与市场化浪潮的经济学解读

(一)气象服务商业化与市场化浪潮的社会经济背景

从经济史的角度考察社会经济的运行,在 1929—1931 年之前,即世界经济大危机之前,市场一直调节着资源的分配,市场一直调节着产品的供给和配置。史称这一时期为自由竞争或自由放任的经济时期。为解决经济危机,美国在 1931 年后实行了罗斯福新政。政府以一双"看得见的手",通过政府投资等经济的和非经济的手段来干预经济的运行,从而美国经济得以摆脱危机,迎来发展;对此,发达国家亦纷纷效尤。自此,社会经济运行进入到了被学者们所称谓的混合经济时代,即市场和政府同时起着调节社会经济运行作用的时期。

　　战后，西方发达国家连续执行强化国家干预经济的政策。在北欧、中欧和英国，特别还强化了政府对生产和分配领域的干预，纷纷走上了"福利国家"的道路；这一道路客观上导致了经济运行中公平和效率的失衡，使西方经济在 20 世纪 60 年代，进入到了史称的"滞胀"（发展停滞和通货膨胀并行）时期。为走出"滞胀"困境，在美国，里根上台后采用了自由放任的经济政策；在英国，撒切尔的保守党政权取代了工党政权，掀起了私有化的浪潮。以市场作为资源配置的手段，里根和撒切尔的政策皆使美国和英国走出"滞胀"，迎来了发展，还引起各国的纷纷效尤。

　　正是在美英等发达国家私有化、市场化浪潮的大背景下，气象服务的商业化、市场化作为一朵耀眼的浪花在浪潮中绽放！然而，这是否自此就可以说：气象服务应该私有化、市场化？毋容置疑，经济学的答案是否定的。

（二）私有化与市场化的经济学认识

　　在总结市场经济运行的历史后，萨缪尔森曾经说这样一句话："一个有效率并且人道的社会要求混合经济的两个方面——市场和政府同时存在，如果没有市场或政府，就都会孤掌难鸣。"进一步地说，在今天，要想不"孤掌难鸣"，就要理清、理顺社会中哪些领域应由市场调节，哪些领域应由政府调节。

　　在社会经济运行中，要判定哪些领域市场失灵，应由政府发挥主导作用；哪些领域政府失灵，应由市场发挥主导作用。或者说，在何种经济条件下应该由政府主导；在何种经济条件下应该由市场主导。显然，这些判断或划分，在中外学者们当中,至今尚无统一的标准,如萨缪尔森说:"划分市场和政府的合理界限是一个持久的问题",终将要等待实践和理论的成熟!

但是,这无论是持自由经济主义的学者和执行自由主义经济政策的国家,还是持凯恩斯主义的学者和执行国家干预政策的国家,无一例外地把公共产品的生产,视作是市场失灵的领域。认为公共产品的生产,应置于政府的干预之下,尽管不同国家由于历史所形成的社会经济的不同,其政府干预的形式和力度亦会有所不同。

把公共产品的生产和分配视为市场失灵的领域,是首先由政治经济学的奠基人——被后人称为现代经济学之父的亚当·斯密在《国富论》中提出来的。他在《国富论》的"论公共工程和公共机构的开支"中,讨论了这一问题的各个侧面,之后,在这篇的结论中写道:"凡有利于全社会的各种设施或土木工程,如果不能全由那些最直接获得好处的人维持,那么在大多数情况下,不足的金额就不能不由全社会一般收入弥补。[32]"

基于上述,毋庸置疑,气象服务生产正是应由政府代表全社会主要来负担的经济领域。

三、气象服务的市场失灵

气象服务是公共产品的生产,是市场失灵的领域。具体地说:

其一,这是由公共气象服务在气象服务中的主体地位所决定的。众所周知,当代国内外的气象服务,无一例外地皆以公众气象服务为主体;以向政府、政府部门等公共机构的气象服务为主体。显然,在这两大类服务中,公众气象服务惠及的是整个社会(即使是为政府提供的服务,最终还是惠及整个社会)。现实证明,两大类服务的社会公共性,排除了受益人付费的可能性。因为,气象服务供给者既不可能又没有条件向社会的每一个人、每一个企业、机构去收取费用。正如亚当·斯密所指出的那样:"不能由那些直接的受益人来支付"。

其二,面向特定用户所提供出的是收费的气象服务。由于其服务产品的外溢性特征,决定着它不可能完全由受益人来支付,因而它的不足部分还必须由全社会来负担。正因为这样,在美国,代表政府的气象服务部门还要向私营气象服务公司免费提供出一般气象信息。

基于作为公共产品的气象服务要由社会来承担,即由财政支付生产成本;作为准公共产品的收费的气象服务也部分要由社会来承担,即由财政来支付部分的生产成本。这样,气象服务的生产自然就成了市场失灵或市场部分失灵的领域。

四、气象服务的供应模式

气象服务中的公共产品应由政府供应。气象服务中的准公共产品即收费的气象服务,政府亦需要承担部分费用,同样具有供应的责任。这里所讨论的气象服务的供应模式,是指政府向社会提供气象服务中的公共产品,以及向特定用户提供气象服务中的准公共产品的类型。

（一）气象服务供应的三类模式

自 20 世纪 80 年代起，尽管各国的气象服务供应模式各有差异，不尽相同，但概括起来，仅分为生产供应型、购买供应型、生产供应和购买供应结合型三类。

1. 生产供应型

生产供应型（简称为生产型），是指气象服务中的公共产品和准公共产品皆由政府的气象服务部门生产，且提供给社会或特定用户的一种供应模式。在现阶段，这一模式为发展中国家和部分发达国家所采用。现实证明，在全球，生产供应型是被运用得最为广泛的模式。

中国是采用这一模式的国家。在中国的气象服务中，气象公共产品和收费的气象服务产品，均由中国气象局下属的气象业务机构所生产与供应。

2. 购买供应型

购买供应型（简称为购买型），是指由政府向气象服务公司购买气象服务及其产品的一类供应模式。新西兰和英国均采用这种模式。

据有关资料证实，1992 年 7 月，新西兰气象局被改组为"国家水和大气研究所"与"气象服务公司"两大国有机构。新西兰政府对"国家水和大气研究所"的气象研究、收集和存储气候资源等业务予以资助；对"气象服务公司"所提供的公共气象服务，如天气信息、天气预报等予以付费。

有关资料还证实，英国则同新西兰大同小异。新西兰政府向社会所提供的公共产品是通过购买实现的,而英国政府也是如此。英国政府决定:从 1996 年 4 月 1 日起,政府对英国气象局的公共气象服务和向政府机构,如国防部、环境部等等政府部门所提供的服务,不再采用政府拨款的形式,而转换为购买的形式。

3. 生产供应和购买供应结合型

生产供应和购买供应结合型(简称为生产购买型),是指由政府的气象部门生产与供应气象服务中的公共产品、由政府提供资助并由私人气象服务公司生产与供给气象服务中的准公共产品的一类供应模式。在一些发达国家,气象服务的生产与供应较多地采用这一模式,如美国、日本、德国和加拿大等,其中以美国和日本较为典型。

美国的气象服务中的公共产品,即免费的气象服务由美国国家海洋大气局下属的气象业务机构所生产与供应;除私营气象服务公司生产与供应收费气象服务外,美国国家海洋大气局下属的气象业务机构也生产与供应收费的气象服务。而在 1980 年后,即在美国政府对公、私气象信息服务的界限做出了明确的划分之后,其收费的气象服务则改由私营气象公司生产与供应。然而,国家海洋大气局还要免费向私营气象公司提供气象信息资料。换句话说,政府承担了收费的气象服务中的部分成本。

日本的气象服务的生产与供应同美国基本相同。在日本,气象服务中的公共产品,由日本气象厅的气象业务机构予以生产与供应;收费的气象服务则由私营气象公司生产与供应。需要特别指出的是,在 1993 年 5 月日本所修改的

《气象业务法》中规定,日本气象厅所搜集、保存的各种气象资料及信息,必须向私营气象公司提供。由此,在 1994 年 6 月,日本还专门成立了"民间气象业务支援中心",负责向私营气象公司实时分发气象厅所提供出的气象资料及其信息。

(二)气象服务供应模式的选择

一个国家选择什么样的气象服务供应模式,是由一个国家经济的因素和国情所综合决定的。它并非是主观臆断的产物。

1. 经济因素

所谓经济的因素,是指制约产品生产和供给的公平原则和效率原则。公平是指社会福利的最大化;效率是指经济利益的最大化。如何把公平和效率包容统一在一起,是选择气象服务供应模式的出发点。

比较三类不同类型的供应模式,它们有一大共同特点:气象服务中的公共产品皆由政府出钱。从实质上说,这一共同特点是公平原则的要求。因为,由政府出钱,能使社会平等地享有气象服务的效用,达到社会福利的最大化。

三类供应模式的不同之处,在于政府出钱的形式不同。英国、新西兰采用政府购买的形式,而其他国家则采用政府向其气象局拨款的形式。从根本上说,这一差异的出现,乃源于效率的原则,即源于采用什么样的途径以实现经济利益最大化的问题。英国和新西兰认为,采用市场配置资源的形式,更能实现经济利益的最大化;而其他国家却认为,在气象服务中,公共产品的供应由政府配置资源,即能实现经济利益的最大化。这样,在公平和效率原则的双重作用下,气象服务公共产品于是就有了不同类型的供应模式。

同样,气象服务中准公共产品的供应模式的选择,也受制于公平和效率的原则。源于准公共产品中的公共性,政府对准公共产品的供应均给予了不同程度的支持,而这也正是公平原则所要求的。只不过在供应形式上,存在着生产型和购买型的差异。同公共产品有生产型和购买型一样,它同样源自是市场配置资源还是政府配置资源的不同选择。

2. 国情

不同国家对气象服务的供应之所存在着差异,即存在着市场和政府的不同选择,这除了不同国家对效率有不同的理解外,还有着更深层次的原因,即各国历史所形成的社会经济环境、国情的不同。美国和英国模式的异同,即是最好的注释。

自 20 世纪 80 年代后,美英皆弱化了政府对社会经济运行的干预,强化了市场配置资源的功能,因而美英两国对收费的气象服务采用市场供给的购买型模式,正是其社会经济环境的题中应有之义。然而,就在这样的历史背景下,美国对气象服务中的公共产品的供应却与英国相悖,它没有"改弦易辙",仍坚持生产型的供应模式。究其原因,我们认为,这同两国的历史背景,即与两国不同的国情有关。

无疑,美国是全球市场经济最为发达的国家。在美国,不论在私人物品领域还是在公共产品领域,其众多产品均由市场供给。例如,作为典型的公共产品的国防产品(如军火等),皆采取由私人企业生产,政府采购的购买型供应模式,但对气象服务中的公共产品,却又采用生产型的供应模式。这种供应模式显然与美国政府市场配置资源的偏好相左,因而不能以经济因素,即市场配置资源的效率偏好来解读,而只能从美国的国情,美国气象服务的历史沿革、历史背景来分析和认识。

据美国气象服务的历史资料记载,"关于天气服务八人咨询委员会"于 1953 年曾向政府提交了一份题为《天气是全国人民的事》的报告。该报告主张,气象服务中的公共产品,由政府的气象主管部门(当时的天气局)生产,气象服务中的准公共产品则由私人气象服务公司供给、政府资助。美国气象服务的生产购买型这一供应模式正是其历史的延续。

与美国相反,英国气象服务中的公共产品在 20 世纪 80 年代则由生产型供应模式,改为购买型供应模式。这种模式的改变,除经济因素外,主要源于特有的历史背景这一国情。众所周知,在英国,保守党和工党是国内政坛上的两大政党。在历史上,英国总是两党轮流坐庄。然而,在社会经济的管理上,两党却存着相反的理念。工党上台则强调政府干预,保守党上台则执行自由化政策、施行市场干预。同样,在气象服务中公共产品的生产供应上,工党采取生产型模式,而保守党则采取购买型模式。

具体说来,在 20 世纪 80 年代,保守党替代工党上台执政后,撒切尔即反工党之道而扬起了市场化、私有化的旗帜。在这一旗帜之下,原来由政府生产与供应的公共产品则更改为私人生产、市场供应。比如，连某些监狱也改为由政府付费，私人企业管理的形式。英国气象服务中的公共产品步入市场化行列，正是在这一历史背景下所呈现出的变化之一。

　　总之，社会经济运行的现实和西方经济学的理论充分说明：市场并不能完全解决社会生产什么、如何生产以及为谁生产的问题。因为市场存在着失灵的空间；市场一旦失灵，政府就成为理所当然的调节者，成为资源配置以解决产品生产问题的主导。气象服务的生产和配置，恰恰就是由政府这只"看得见的手"得以发挥作用的领域。但一个国家选择什么样的气象服务的供应模式，要从公平和效率的原则，以及一个国家所处社会经济环境等国情出发来认识与把握。世界上绝不会既有一个包罗万象又可通用的气象服务的供应模式。

参考文献

[1] 侯西勇. 1951—2000 年中国气候生产潜力时空动态特征. 干旱区地理,2008(5):723-730.

[2] 延军平,张红娟,蒋毓新. 黄土丘陵沟壑区县域气候生产力对气候变化的响应——以陕北米脂县为例. 干旱区研究,2008(1):59-63.

[3] 祝燕德等. 重大气象灾害风险防范:2008 年湖南冰灾启示. 北京:中国财经经济出版社,2009.

[4] 保罗·萨缪尔森,威廉·诺德豪斯. 经济学(16 版). 北京:华夏出版社,1999.

[5] 马克思. 资本论. 北京:人民出版社,2004.

[6] 许永丽. 中央气象台首发寒潮黄色预警. 中国气象报,2010-01-18(1).

[7] 戴随刚,王存林. 青海省气象局副局长王莘:全力提供抗震救灾气象服务保障. 中国气象报,2010-4-16(1).

[8] 罗祖德,徐长乐. 灾害科学. 杭州:浙江教育出版社,1998.

[9] 赵阿兴,马宗晋. 自然灾害损失评估指标体系的研究. 自然灾害学报,1993,2(3):1-6.

[10] 中国气象局应急管理办公室. 气象部门应急案例选编. 北京:气象出版社,2009.

[11] 李克强. 推动绿色发展促进世界经济健康复苏和可持续发展:在绿色经济与应对气候变化国际合作会议开幕式上的演讲. 人民日报,2010-05-10(3).

[12] 宋云. 伸出双臂拥抱太阳——国家气象中心国庆盛典气象服务纪实. 中国气象报,2009-10-09(1).

[13] 吴越,苗艳丽,周春雪. 璀璨背后的守望. 中国气象报,2010-05-

04(1).

[14] 坎贝尔·麦克康耐尔,斯坦利·布鲁伊等. 经济学:原理·问题和政策(14版). 北京:北京大学出版社,科文(香港)出版有限公司,2000.

[15] C. V. 布朗,P. M. 杰克逊布郎·杰克逊. 公共部门经济学(4版). 北京:中国人民大学出版社,2000.

[16] 气象灾害防御条例. 北京:中国法制出版社,2010.

[17] 郭起豪. 全国"两会"代表委员呼吁将气候变化知识纳入教科书. 中国气象报,2010-03-10(1).

[18] 余晓芬. 两会气象服务突显人性化. 中国气象报,2010-03-02(1).

[19] 李竞. 北京开展公众对气象科学知识和信息认知需求调查. 中国气象报,2010-03-23(1).

[20] 温克刚. 中国气象史. 北京:气象出版社,2004.

[21] 中华人民共和国气象法. 北京:法制出版社,1999.

[22] 许小峰. 中国气象年鉴 2008. 北京:气象出版社,2009.

[23] 许小峰. 中国气象年鉴 2009. 北京:气象出版社,2010.

[24] 刘邦驰等. 中国当代财政经济学. 北京:经济科学出版社,2010.

[25] 赵鸣骥. 关于公共财政支持气象事业发展的几个问题. 气象软科学,2009(2):14-22.

[26] 许小峰. 中国气象年鉴 2007. 北京:气象出版社,2008.

[27] 许小峰等. 气象服务效益评估理论方法与分析研究. 北京:气象出版社,2009.

[28] P·伊金斯. 生存经济学. 合肥:中国科学技术大学出版社,1991.

[29] 罗晓勇等. 气象服务经济效益分析. 气象软科学,2011(2):122-144.

[30] 叶笃正、周家斌. 气象预报怎么做如何用. 北京:清华出版

社,2009.

[31] 何亮亮、蒋洁.国外气象服务的商业化趋势及其启示.商业时代,2010(03):124-125.

[32] 亚当·斯密.国富论.北京:华夏出版社,2005.

后　记

　　书稿整理完在送气象出版社前,有些涉及题内的题外话,还想在此"说"上几句。

　　书中的 15 章,有几章曾经先后在《成都信息工程学院学报》《气象软科学》与《气象科技进展》上同读者见过面,有几章却没有公开发表过。现在我们一并安排在此,以原稿的形式按其内容间的逻辑顺序同大家讨论。

　　书中的 15 章均有各自的主题。它们以经济学的视角,也是我们在气象部门从事多年的计划财务工作和研究工作,分别解读出气象服务中的某一经济问题,或者是某一经济问题的一个侧面,进而形成一篇篇独立的论文。然而这一独立却又是相对的,因为本书不是论文的汇编,而是一个有机整体,分析出现代气象服务相互联系的七大方面,即人类与大气环境的关系、气象的经济学属性、气象服务的经济性质、中国古代气象服务的特点、气象服务的投资、气象服务的经济效益评估,以及气象服务的生产和配置模式,旨在让其成为探究现代气象服务应由谁投入、谁组织生产、谁消费的专论。

　　还要"说"的是:《现代气象服务的经济学分析》是中国气象局气象软科学 2010 年的重点课题之一。本书作为该课题的结题之作,是课题组全体成员共同劳动的成果与集体智慧的结晶。在此,还要对在课题完成过程中提供支持与帮助的同志一并表示感谢。

我们生活在劳动社会化的世界里,任何一个劳动总是同他人的劳动分不开。本书观点的形成,自然得益于众多学者所提供的观点与事实,在此我们向书中已注明或尚未注明的作者致以谢意!

罗晓勇

2014 年 10 月